机器人

是怎样工作的

[日] 濑户文美 | 著　　[日] 平田泰久 | 审校　　许永伟 | 译

人民邮电出版社

北　京

图书在版编目（CIP）数据

机器人是怎样工作的：图解版／（日）濑户文美著；
许永伟译. -- 北京：人民邮电出版社，2023.10
（图灵新知）
ISBN 978-7-115-62109-2

Ⅰ.①机… Ⅱ.①濑… ②许… Ⅲ.①机器人－研究
Ⅳ.①TP242

中国国家版本馆CIP数据核字(2023)第119359号

内 容 提 要

　　本书以图配文，通过大量图片和手绘插图讲解了机器人的构造和原理。全书共分为5章。第1章简单介绍了机器人的概念；第2章将机器人分为移动机器人和操作机器人，介绍了机器人的不同形式；第3章介绍了机器人的内部结构，涉及传感器、执行器等；第4章介绍了已有的机器人种类；第5章简单介绍了机器人的现在和未来。全书内容从工程学的专业角度出发，但并未使用晦涩的专业术语和数学公式，旨在帮助零基础读者对机器人的基本原理建立整体印象。

　　本书适合所有对机器人原理感兴趣的零基础读者阅读。

◆ 著　　　　　[日]濑户文美
　 审　　校　　[日]平田泰久
　 译　　　　　许永伟
　 责任编辑　　魏勇俊
　 责任印制　　胡　南
◆ 人民邮电出版社出版发行　　北京市丰台区成寿寺路11号
　 邮编　100164　　电子邮件　315@ptpress.com.cn
　 网址　https://www.ptpress.com.cn
　 雅迪云印（天津）科技有限公司印刷
◆ 开本：880×1230　1/32
　 印张：4.875　　　　　　　　2023年10月第1版
　 字数：150千字　　　　　　　2023年10月天津第1次印刷
　 著作权合同登记号　　图字：01-2021-3294号

定价：59.80元
读者服务热线：(010)84084456-6009　　印装质量热线：(010)81055316
反盗版热线：(010)81055315
广告经营许可证：京东市监广登字20170147号

推荐序

一方面，当翻开市面上的很多机器人学的相关教科书时，我发现它们大多用很大篇幅来讨论向量或矩阵的运算，包括坐标系定义、坐标变换和运动学等数理知识。这是很自然的，因为它们是为大学水平以上的读者准备的教科书。但是，如果青少年读者对机器人学有兴趣，并拿起了这样的教科书，那么必须深入学习其中涉及的数学知识和物理知识并掌握它们，才能理解所列出的公式与机器人的关系。因此，很多人会觉得机器人学的门槛是非常高的。

另一方面，也有很多"机器人入门书"根本不涉及机器人工程、技术方面的内容，而仅仅罗列出相关的介绍性图片。这样的书，看着很有趣，但过于浅显，读者很难真正体会机器人学的乐趣。

机器人方面的书是两极分化的，它们之间有很大的差别。鉴于两者之间存在鸿沟，我支持作者出版一本"既不是教科书也不是工具书的书"。为此，我担任了本书的审校人，并努力推动其出版。我们希望本书能为更多人打开通往机器人学的大门。

审校人　平田泰久

前言

　　本书既不是教科书也不是工具书，而是机器人技术的入门指南，其目的在于，不使用数学公式或技术术语介绍机器人的相关知识，让人们通过图画的有趣方式了解"机器人"的全貌。

　　当你捧起本书时，便意味着你或多或少是对"机器人"感兴趣的。

　　"机器人"一词有着不可思议的魅力，吸引着众多大人、孩子为之着迷。但是，你从这个词中联想到的东西，与机器人领域中实际正在研究和开发的东西有多少是重叠的呢？

　　大多数人对机器人的印象和了解，可能来源于漫画、动画、电影等科幻作品，以及各种媒体报道。例如，当我向初次见面的人介绍自己的时候说，"我是从事机器人研究工作的"，他们经常会问我："那是阿西莫、高达，或者电视上的机器人大赛那样的吗？"当然，这些都是机器人学的一部分，但仅仅是其中的一部分，请不要错误地认为你已经广泛而深入地掌握了机器人技术的整个领域。

　　我认为，机器人学是一门广泛、神秘且复杂的学科。当然这并不是一件坏事，这恰恰是机器人学的强项所在、魅力所在。什么是"机器人"？机器人的形状如何？机器人是如何构成的？目前世界上都有什么样的机器人？让我们带着这些疑问，一起探索广阔而迷人的机器人世界吧。

濑户文美

译者序

　　我很荣幸能够担任本书的译者，与大家分享这本有趣的书。在翻译本书的过程中，我深深被其中的内容所吸引和感动。

　　本书并非一本普通的教科书，也不仅仅是一本简单的图画书。它是一本充满指导意义的科普书，旨在以有趣的方式介绍机器人的相关知识，包括但不限于机器人的形状、构成以及当前世界上存在的各种各样的机器人。书中没有晦涩的数学公式或专业术语，而是通过大量的插图，让读者生动直观地了解机器人的全貌。

　　对于大部分人来说，"机器人"这个词充满了神秘和魅力。不论是大人还是孩子，都会被这个词所吸引。然而，很多人对于机器人的了解往往只停留在漫画、动画、电影以及各种媒体报道中。这些作品创造出了我们心目中的"机器人"，但实际上与真实的机器人技术研究和应用之间存在着巨大的差距。

　　随着科技的飞速发展，机器人学正以惊人的速度迈向新的征程。特别是近年来，人工智能技术的突破和智能机器人的兴起，为机器人学带来了前所未有的机遇和挑战。例如，令人激动的聊天机器人 ChatGPT 等大语言模型技术的进步，使得机器人在与人类进行交流和理解方面取得了巨大的进展。此外，机器人在感知、决策和执行方面的能力也在不断提高。这将使机器人在复杂环境下的自主导航、任务执行和问题解决能力更加出色。未来，机器人将更好地与人类进行交互和协作。本书将为我们打开通往机器人学的大门，引领我们去探索机器人学那充满无限可能的未来。

　　特别感谢原书作者濑户文美女士及审校人平田泰久先生。他们的优秀作品为本书的翻译奠定了坚实的基础。感谢他们对我的理解和配合，让我能够准确传达他们的思想和意图。作为译者，我深感责任重大。译者的责任是将原作中丰富而深入的内容准确传达给读者。在翻译本书的过程中，我努力保持原作的精髓和风格，并尽力用准确、流畅的中文表达，以使读者能够更好地理解和享受其中的知识。同时，我也不断学习和提升自己的翻译技巧，以确保翻译的准确性和质量。

我有幸与图灵公司合作翻译了许多书。感谢图灵公司对我长期以来的信任和支持，也要感谢编辑团队在整个翻译过程中的辛勤工作。他们的指导和校正帮助我不断提升翻译质量，确保本书的准确性和流畅性。他们的专业精神和高效工作使得每本书都能以最高质量呈现给读者。

最后，我希望本书能够为读者朋友们带来乐趣和启发。我希望通过阅读本书，你能够更深入地了解机器人的工作原理和奇妙之处。如果你对本书有任何意见或建议，欢迎与我联系。祝愿本书成为你探索机器人世界的启蒙之光！

译者 许永伟

2023 年 7 月于日本东京

第 1 章

什么是机器人

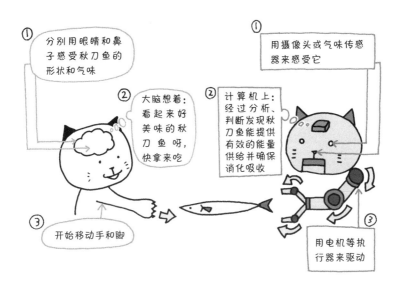

① 分别用眼睛和鼻子感受秋刀鱼的形状和气味

② 大脑想着：看起来好美味的秋刀鱼呀，快拿来吃

③ 开始移动手和脚

① 用摄像头或气味传感器来感受它

② 计算机上：经过分析、判断发现秋刀鱼能提供有效的能量供给并确保消化吸收

③ 用电机等执行器来驱动

　　当听到"机器人"这个词时，你会想到什么？类人机器人、出现在动画和漫画中那样的机器人，还是机器人比赛中的机器人？实际上，"机器人"这个词还没有明确的定义 [①]。当"机器人"这个词第一次出现时，它是指一种类人形的机器，可代替人类工作。当然，当时机器人只存在于人类的幻想中，在现实中并不存在。后来随着技术的不断进步，"机器人"一词已经成为智能机器的总称。

　　说到智能机器，你可能会认为它是指类人机器人 [②]，或者联想到它们的形状应该与人类相似（图1-1）。然而，即使看起来不像人类或其他生物的样子，它们也能代替人们完成一定的工作，这样的机器也叫机器人。"感受"部分称为传感器，这是检测周围环境和状态的装置，如测量距离、温度和力等。"运动"部分称为执行器，如电磁电机、制动器、发动机等末端执行器。计算机则是基于传感器获取各种信息，进行决策，并指挥执行器运动的"思考" [③] 部分。一般的机器人都具备上述三个要素。具有"感受、运动与思考"能力的机器，统称为"机器人"（图1-2）。

　　这么智能的机器人，你拥有吗？很多人会说，"机器人啊，只在电视上看到过""我们家有扫地机器人"。其实，大家身边有各式各样的机器人。

　　手机便是一种机器人。手机中有用来"感受"声音的麦克风，用于实现拨打电话、发送邮件、记录联系方式等功能的计算机，即"思考"部分，还有提供振动功能的电机等。组成机器人的三要素如图1-3所示。汽车和飞机等交通工具、洗衣机和吸尘器等家用电器，以及银行ATM和电梯、自动扶梯等设备都内置了传感器、计算机和执行器。我们的周围到处都是"机器人"（图1-4）。

　　机器人学是一门非常宽泛的学科，不仅包括数学和物理学，还包括许

---

① 日本工业标准（JIS）定义了"工业机器人""电子元件安装机器人""智能机器人""移动机器人"和"服务机器人"，但仍然有许多"机器人"不符合或尚未被包含在这些定义中。

② 类人机器人（humanoid）是指外形类似于人类的机器人。

③ 思考机器人、机械设备如何运动，并发出指令，也可称为"控制"。3.3节将进行详细描述。

多其他学科[①]。通过学习机器人技术，你将能够体验和理解许多常见机器的机制及其中涉及的技术。此外，这不仅仅是将数学和物理学作为知识来学习，你还能看到它们是如何在实际中应用的。

让我们从形状开始吧！在第 2 章中，我们将了解机器人具有哪些形式及每种形式具有哪些功能。

图 1-1　与人类外形相似的机器人
赛博格[②]机器人 "HRP-4C" 和人形机器人 "HRP-2"
（图片由日本独立行政法人产业技术综合研究所提供）

---

① 与构成机器的结构材料相关的，与机械部件（如电机和齿轮）原理相关的，有机械力学/材料力学和机械设计；与计算机、电气/电子电路、传感器等相关的，有电气工程/电子工程；与机器人的控制和运动相关的，有控制工程、计算机编程等；还有与生物学相关的学科，包括生物工程、仿生学、人类科学和心理学等。
② 赛博格（Cyborg），又称生化人或半机器人，是控制论有机体的简称。

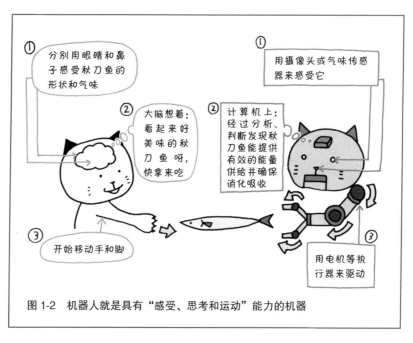

图 1-2 机器人就是具有"感受、思考和运动"能力的机器

图 1-3 手机应用了机器人技术

（1）感受来自触摸面板或数字键的信息输入　（2）思考、确定输入内容和账户余额等　（3）弹出现金或对存折进行写入操作等

图 1-4　机器人技术应用于日常生活的各种场景

第2章

不同形式的机器人

在平坦的地面上，轮式通常比足式的移动速度更快，消耗的能量也更少

但是，轮式不擅长在台阶、不平整的路面上移动

　　只有形状像人或其他生物模样的机械结构才叫机器人吗？不是，正如第 1 章所说，世界上有各种类型的机器人，每种类型都有各自的优缺点。一般来说，对于具有多自由度的机器人，不论是在制造方面还是在移动方面，都要根据使用目的、环境的不同，选择合适的形式。

　　在本章中，我们首先将机器人划分为移动机器人和操作机器人两大类。我们可以看到，移动机器人又可以分为足式和轮式等，它们分别有不同的形状特征。同样，操作机器人也可以分为机械臂式和末端执行器式等。接下来我们分别就机器人的不同形状特征加以说明。

2.1 移动机器人

　　移动机器人大体有两种："足式"和"轮式"。人类在走路时用双腿进行移动，在骑自行车或坐汽车时则会利用轮子来进行移动。足式和轮式各有优缺点。

　　轮子的运转速度更快，因此在平坦的道路上骑自行车比用腿走路更快、更容易，同时在平坦的道路上进行移动时所需的能量更少，如图 2-1 所示。但是相较于人类和猫可以非常轻松地用腿上下楼梯，即使有相当的技术和体力，骑自行车也很难上下楼梯。在某些台阶或凹凸不平的路面上，腿比轮子更有优势。此外，与轮子相比，腿需要更多的关节（自由度）才能移动，因此它更难以控制。

　　即使同样用腿进行移动，足式移动机器人也可以划分为多种类型：有像人一样用两条腿平衡、行走的双足式，有像狗、猫、马等那样的四足式，还有像很多昆虫那样的六足式[1]，等等。同样，轮式移动机器人也可以根据轮子的排列和类型划分为几种类型，它们各有优缺点。

---

[1]　就像很少有生物的腿是奇数条（如 3 条或 5 条）的，也很少有机器人的腿是奇数条的。

在平坦的地面上，轮式通常比足式的移动速度更快，消耗的能量也更少

但是，轮式不擅长在台阶、不平整的路面上移动

图 2-1   足式移动和轮式移动各有优缺点

什么是机器人的自由度？

猫咪博士的 **智慧库**

　　机器人的自由度一般是指确定机器人手部在空间的位置和姿态时所需要的独立运动参数的数目。在图 2-2 左上角的例子中，两个关节确定了机器人手部在空间的位置（x, y），决定了它有两个自由度。在中间的例子中，3 个关节确定了机器人手部在空间的位置（x, y）以及姿态 θ，因此它有 3 个自由度。

　　通过上述两个示例，你可能会认为机器人关节移动位置的数量与自由度是一致的，其实机器人具有的关节数和执行器的数量不一定是相匹配的。像图 2-2 右上角的例子所示的那样，即使有很多个关节，但是如果一个关节的运动能够决定另一个关节的运动，那么关节数和自由度就不匹配。魔术抓手也有两根手指，但由于这两根手指只能一前一后地运动，因此它只有 1 个自由度。

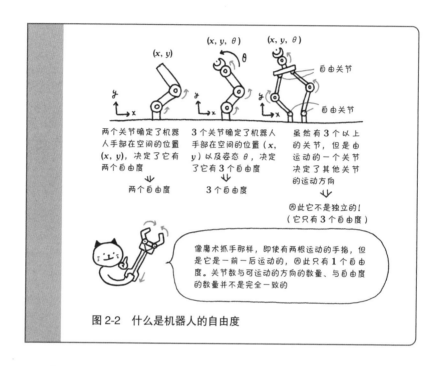

图 2-2 什么是机器人的自由度

2.1.1 足式移动

● 双足式移动

图 1-1 中的机器人使用两条腿来移动，就像人类一样。它们不仅可以在平地和斜坡上移动，也可以在台阶和不平坦的地方移动，但它们的缺点是难以平衡，容易跌倒。另外，机器人在走路时，只有一条腿与地面接触，这时如果保持一定姿态静止在固定位置，重心便会移出支撑多边形，因此机器人会变得不稳，如图 2-3 所示。人类能够在无意识的状态下保持平衡，自由自在地站立和行走，但是如 3.3.3 节所述，如果机器人不通过有意识地保持平衡，它们就会摔倒。

平地或上下坡自不用说

也可以行走在凹凸不平的路面上，可以跨越楼梯

但是容易因为失去平衡而摔倒

即使站立不动，也容易被推倒

图 2-3 双足式移动的优缺点

猫咪博士的 **智慧库**

什么是支撑多边形?

如图 2-4 所示，当移动机器人受到来自平坦地面的反作用力时，它与地面接触点所组成的最小凸多边形，就叫支撑多边形。机器人静止的时候，如果重心投影在地面上的点（重心投影点）在支撑多边形内，则机器人可以稳定站立；但是当重心投影点在支撑多边形外的时候，机器人就会因不稳而摔倒。

图 2-4 什么是支撑多边形

● 四足式移动

狗、猫和马等许多动物用 4 条腿移动。与用两条腿相比，用 4 条腿在静止的时候很稳定，不易摔倒。在跨越台阶或走在不平坦的路面上时，如果一次只移动一条腿，那么即使这条腿不接触地面，也可以用剩余的 3 条腿来保持稳定。另外，还可以通过一次移动两条或多条腿，或者通过改变每条腿的移动方式，来实现更快速的移动或者跳跃。腿的这种移动方式称为步态。

如图 2-5 和图 2-6 所示，四足式移动机器人具有与狗、猫等动物几乎相同的优势。然而，根据步态，有时候也会出现只有两条腿与地面接触的情况。这个时候，机器人的重心往往会超出支撑多边形，导致其不稳（图 2-7）。

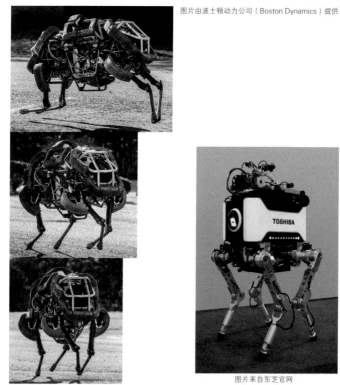

图片由波士顿动力公司（Boston Dynamics）提供

图片来自东芝官网

图 2-5 四足式移动机器人的示例

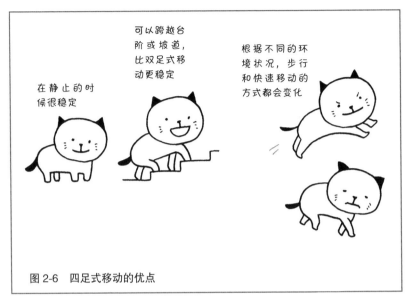

图 2-6　四足式移动的优点

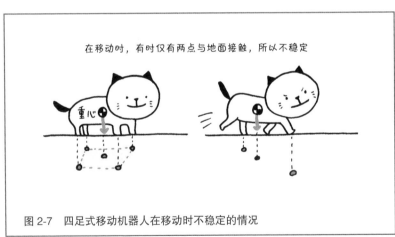

图 2-7　四足式移动机器人在移动时不稳定的情况

猫咪博士的 **智慧库**

四足式移动的典型步态

四足式移动的情况，有的是爬行，像乌龟一样只抬起 4 条腿之一，其余 3 条腿始终与地面接触；有的是高度稳定的小跑，像狗和猫正常行走时那样；也有的是高速的奔跑，如同快马加鞭；还有的是弹跳，像猎豹在追逐猎物时那样纵身一跃。图 2-8 展示了 4 个典型例子。

图 2-8 四足式移动的典型步态及其腿部运动特征

● 六足式移动

许多昆虫用 6 条腿移动。因为有 6 条腿，即使行走时也有 3 条腿始终与地面接触，所以可以在保持稳定的同时进行移动（图 2-9）。然而，与昆虫不同，机器人的小巧和灵活是有限度的。哪怕仅仅是增加腿的数量，机器人的总质量也会增加。这会使它的移动速度变慢，而且消耗更多的能量（图 2-10）。图 2-11 展示了一个机器人的例子，受到仿生学的启发，其腿部的结构得到简化，实现了六足式移动。

综上所述，我们可以看到，就像两条腿的人、4 条腿的猫、6 条腿的昆虫等有不同的移动方式一样，足式移动机器人也因腿数量的不同而有不同的移动速度和稳定性。如果需要爬楼梯，就要使用双足式移动机器人；如果宁可速度变得很慢也希望尽量防止摔倒，就要使用六足式移动机器人。我们需要根据机器人的不同用途和移动环境，选择最合适的移动方式。

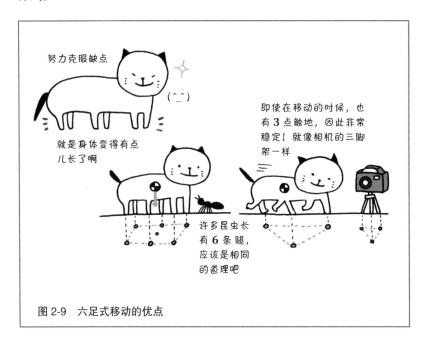

图 2-9　六足式移动的优点

图 2-10　腿的数量增加后，机器人的总质量和能耗也会增加

图片由波士顿动力公司提供

图 2-11　六足式移动机器人的示例

猫咪博士的
智慧库

电机驱动足式与肌腱驱动足式

从目前为止介绍的机器人足式移动方式来看，有配置了每个关节一个旋转电机的电机驱动足式，也有具有多个伸缩执行器的肌腱驱动足式。

图 2-12 显示了每种足式移动机器人及其特征的示例。电机驱动足式的每个关节都有一个电机，所以腿部的结构、控制都很简单；但是电机既大又重，这导致整条腿也会很重，较难产生大的动力。肌腱驱动足式的每个关节需要两个或更多的执行器，其结构、控制变得较为复杂；但较小的执行器使整条腿变得更轻，也更容易产生强大的动力。

每个关节都需要配置一个电机，结构与运动方式都较为简单，但是各个电机组合起来的构造较大且重，导致腿部结构也变重，较难产生大的动力

每个关节都需要两个或更多的执行器，结构与运动方式都较为复杂，但是各个执行器都较为轻便，因此腿部结构也是轻量化的，能够产生大的动力

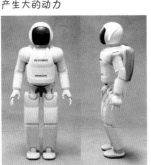

ASIMO 机器人
（图片由本田技研工业有限公司提供）

油压驱动关节的机器人
（图片由波士顿动力公司提供）

图 2-12　电机驱动足式和肌腱驱动足式的特点

2.1.2 轮式移动

● 被动轮与驱动轮

我们身边的很多物品使用了轮子，比如自行车、汽车等交通工具，或者是搬运行李的手推车。这些轮子分为两种：由人力、电动机等直接驱动的驱动轮，以及根据驱动轮的运动而从动的被动轮。

如图 2-13 所示，自行车通常后轮是驱动轮，它通过链条与踏板连接。当人踩踏板时，后轮开始旋转。前轮通过转动方向盘起到改变行进方向的作用，但由于它本身不转动，因此变成了被动轮。汽车驱动方式有以下几种：前轮驱动（Front Wheel Drive，FWD）、后轮驱动（Rear Wheel Drive，RWD）和四轮驱动（Four Wheel Drive，4WD；或 All Wheel Drive，AWD）。

根据驱动轮和被动轮的数量和布置，可以创建、搭配各种车轮运动形式。在这里，我们来看看典型的两种：对置两轮式和方向舵转向式。

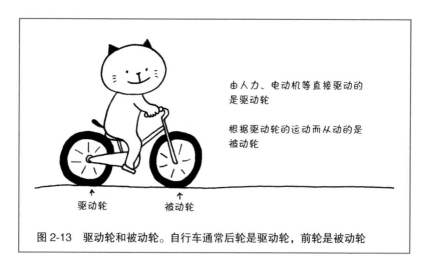

由人力、电动机等直接驱动的是驱动轮

根据驱动轮的运动而从动的是被动轮

驱动轮　　　被动轮

图 2-13　驱动轮和被动轮。自行车通常后轮是驱动轮，前轮是被动轮

● 对置两轮式

如图 2-14 所示，对置两轮式移动机构有两个独立转动的驱动轮，它

们相互对置部署，轮子共用一根转动轴，转动轴线相匹配。对置两轮式有时也被称为独立驱动型。由于单独的两个驱动轮在仅有两点触地时存在翻倒的风险，因此通常会安装其他用于支撑的被动轮和辅助轮（例如脚轮）[1]。在我们身边经常能看到的例子是双臂划船式转动轮椅，它就使用了对置两轮式移动机构。

在使用双臂划船式转动轮椅时，人们可以分别用右臂或左臂转动右轮或左轮，实现前后移动、转弯和原地转向。即使不通过人力，靠其他动力来驱动左右轮的对置两轮式移动机构，也可以像图 2-15 所示的那样，通过改变每个驱动轮的旋转速度和旋转方向，实现同轮椅一样的小转弯半径移动。此外，只有两个驱动轮和一个从动轮的简单机构，具有易于实现小型化的优点。但是，两个驱动轮必须有各自独立的动力驱动装置。只有在两个轮子的旋转速度完全一致的情况下，机器人才能沿直线行走，否则无法实现直行。

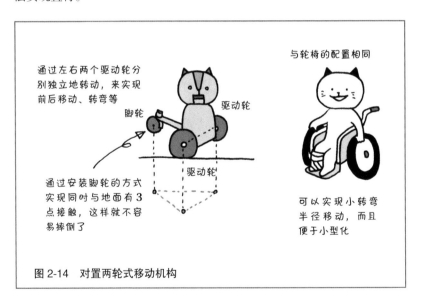

图 2-14　对置两轮式移动机构

---

[1]　只利用两个驱动轮来保持平衡移动的结构称为倒立摆型。

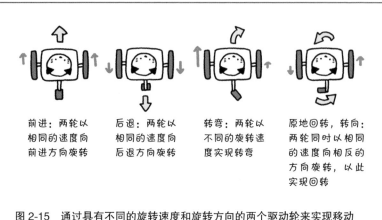

前进：两轮以相同的速度向前进方向旋转

后退：两轮以相同的速度向后退方向旋转

转弯：两轮以不同的旋转速度实现转弯

原地回转，转向：两轮同时以相同的速度向相反的方向旋转，以此实现回转

图 2-15　通过具有不同的旋转速度和旋转方向的两个驱动轮来实现移动

●方向舵转向式

在对置两轮式中,两个驱动轮同时发挥驱动[①]和转向[②]的作用。与此相对应,在汽车中,前轮是负责转向的被动轮,后轮则是负责提供动力的驱动轮。因此,图 2-16 所示的具有转向机构的轮式移动型称为方向舵转向式（steering type）。

转向式移动机构可以通过旋转驱动轮实现前后移动,如图 2-17 所示。它还通过转动方向舵（方向盘）,并使方向舵的轴相对于驱动轮的轴倾斜来实现转弯。此时,转向圆的圆心是方向舵（被动轮）轴与驱动轮轴的交点。

---

① 开始／停止运动,并改变运动速度。
② 改变运动方向。

后轮作为驱动轮，通过旋转提供动力。前轮仅仅作为被动轮转动，起到改变移动方向的作用

汽车多采用这样的机构

图 2-16 方向舵转向式移动机构

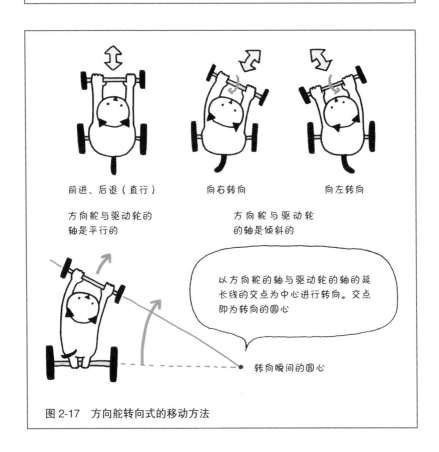

前进、后退（直行）

方向舵与驱动轮的轴是平行的

向右转向

向左转向

方向舵与驱动轮的轴是倾斜的

以方向舵的轴与驱动轮的轴的延长线的交点为中心进行转向。交点即为转向的圆心

转向瞬间的圆心

图 2-17 方向舵转向式的移动方法

　　方向舵转向式移动机构如图 2-16 所示，两个驱动轮由一个动力装置驱动，因此驱动轮的转速是相同的，只要不操作方向舵就可以保持直线行驶。但是，与对置两轮式移动机构不同的是，它不能进行原地转弯或急转弯，小半径转弯（图 2-18）是无法实现的。此外，这样的结构需要能将动力同时分配给两个驱动轮的一种机构（如图 2-19 所示的差速器）和舵式转向机构，因此其缺点是使整个机器人结构复杂化，并增加了其尺寸。

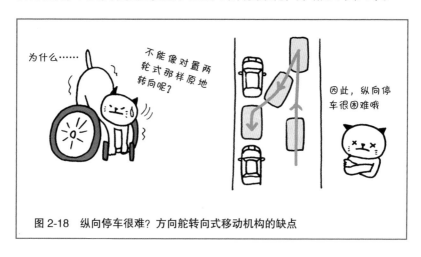

图 2-18　纵向停车很难？方向舵转向式移动机构的缺点

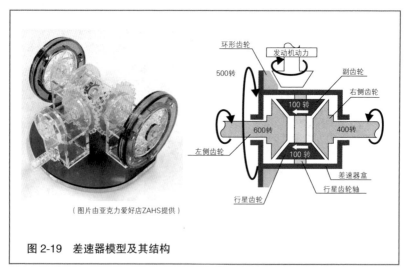

（图片由亚克力爱好店 ZAHS 提供）

图 2-19　差速器模型及其结构

猫咪博士的**智慧库**

FWD、RWD 和 4WD

图 2-16 给出了后轮作为驱动轮的例子，但在实际车辆中，有如前所述的使用前轮驱动（FWD）、如图 2-20 所示的后轮驱动（RWD），以及四轮全部驱动的 4WD（AWD）等形式。四轮驱动的驱动力分配机构比两轮驱动的更复杂，也更重，传递驱动力时的损失也较大，导致燃油效率较低。但是，由于向地面传递动力的轮子、部件较多，因此四轮驱动比两轮驱动更容易传递动力。即使在雪地里和崎岖不平的路面上，四轮驱动的车也不会打滑，并能平稳地行驶。

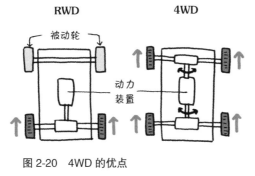

4WD 虽然油耗较高，但是所有驱动轮与地面直接接触，因此驱动力的传导较容易，即使后轮与地面接触有起伏、有间隙也没关系

图 2-20 4WD 的优点

● 使用全向移动轮式的移动机构

由于普通车轮只能绕车轴沿前后方向移动，因此对置两轮式和方向舵转向式都不能朝左右方向（与车轴平行）或斜方向移动。如图 2-21 所示，为了实现前后左右、斜向和原地旋转等全方位移动，就需要一种既可以前后移动也可以左右转动、像球体滚动那样的特殊轮式机构。具有这种机构的轮子称为全向移动轮。

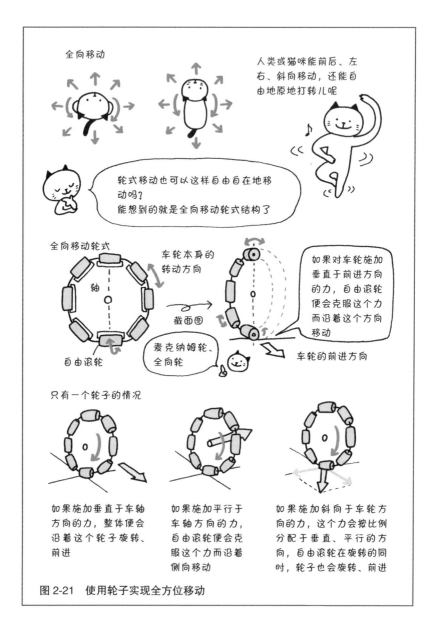

图 2-21　使用轮子实现全方位移动

　　全向移动轮有多种类型，如图 2-22、图 2-23、图 2-24 和图 2-25 所示，包括全向轮和麦克纳姆轮等。但这些类型的基本原理都如图 2-21 所示，把相对于外力能够进行自由旋转的滚轮连接成轮状，从而形成车轮。采用这种结构，当在平行于车轴的方向上施加力时，可以通过自由滚轮的旋转释放力，车轮可以沿着施加力的方向自由移动，如图 2-26 所示。

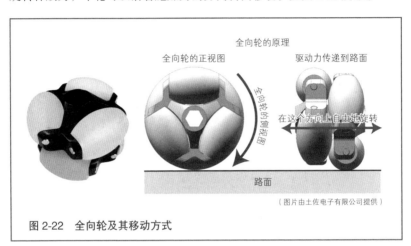

（图片由土佐电子有限公司提供）

图 2-22　全向轮及其移动方式

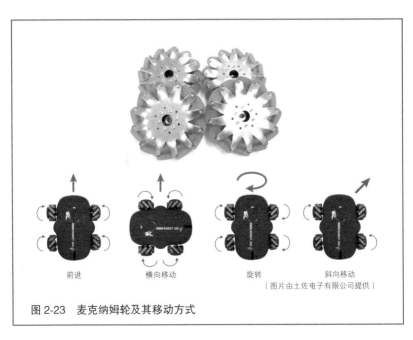

（图片由土佐电子有限公司提供）

图 2-23　麦克纳姆轮及其移动方式

骑在球上的机器人（图片由日本东北学院大学工学部提供）

舞伴机器人（PBDR：Partner Ballroom Dance Robot）
（图片由日本东北大学小菅・衣川・王研究室 / 平田研究室提供）

图 2-24　ZEN 轮及其机器人示例

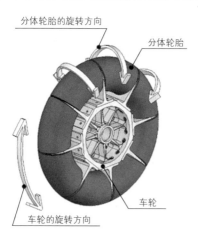

分体轮胎的旋转方向

分体轮胎

车轮

车轮的旋转方向

（图片由青叶技术解决方案有限公司提供）

图 2-25　旋转轮 Rakuosu

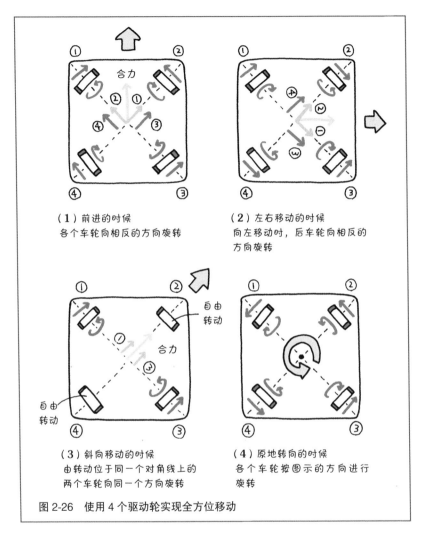

（1）前进的时候
各个车轮向相反的方向旋转

（2）左右移动的时候
向左移动时，后车轮向相反的
方向旋转

（3）斜向移动的时候
由转动位于同一个对角线上的
两个车轮向同一个方向旋转

（4）原地转向的时候
各个车轮按图示的方向进行
旋转

图 2-26　使用 4 个驱动轮实现全方位移动

通过在机器人上布置 3 个或更多这样的全向移动轮作为独立的驱动轮，可以实现前后、左右、对角线方向以及原地旋转等全方位移动。例如，要利用 4 个车轮进行全方位移动，如图 2-26 所示，只需使 4 个全向移动轮的车轴的对角线相交于一点，然后分别驱动各个车轮。另外，即使只有 3 个轮子，如图 2-27 所示，通过各车轴不平行的配置，也可以实现全方位移动。如图 2-28 所示，全向移动机构可用于全方位移动，即使在狭窄或有障碍物的地方也很容易移动。然而，由于必须独立驱动3个或更多轮子，机器人变得更重、结构更复杂。此外，全向移动轮式本身结构复杂，制造难度较大，价格也往往高于普通轮式。还有，在轮式移动中，如果轮子的直径较大，则可跨越的台阶较高；而如果轮子的直径较小，则可跨越的台阶较低。在全向移动轮的情况下，自由滚轮的轮径一般较小，因此存在较难跨越台阶的缺点。

猫咪博士的**智慧库**

3轮和4轮的全向移动机构有什么区别？

虽然可以使用三轮驱动或四轮驱动向各个方向移动，但是哪个更好呢？一般来说，实现前后、左右、旋转3个方向移动所需的驱动轮的最小数量是3个[①]。

在平地上，车轮的数量直接等于与地面的接触点的数量，因此图2-4所示的支撑多边形更容易变大，运动更稳定。但是，如果地面凹凸不平或倾斜，该怎么办呢？

你有没有听说过一张四脚桌有一条腿不触地而嘎嘎作响？物体4点触地时，如果地面不平整，其中一个触地点就会与地面分离，物体会不稳。在四轮驱动中，如果一个轮子悬浮在空中并打转，可能会导致不稳定，机器人可能无法按预期运动。除了全向移动机构，如汽车等使用4个轮子也会出现同样的问题。与此相对应，在与地面3点接触的三轮驱动中，即使地面有一些不平整，车轮也不会悬浮（图2-29）。

为了让四轮驱动机构能在不平坦的地方稳定移动，通常会在机器人本体和车轮（或腿）之间安装一种称为"悬架"的机构。悬架根据施加的力膨胀和收缩，并保证每个车轮与地面接触。此外，通过引入悬架，减少了因地面不平整而产生的振动，并减少了传递到机器人本体的振动。因此，我们周围的各种车辆（例如汽车和摩托车）都安装了悬架，以实现运动的稳定并提高乘坐舒适性。

---

① 具有执行所需运动的最低自由度（在这种情况下为3个）以上的自由度，称为冗余。额外的自由度称为冗余自由度。由于冗余具有更高的自由度，机器人更容易移动，因此它也更难控制。

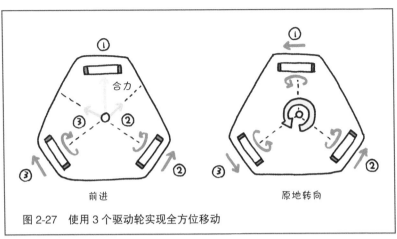

图 2-27 使用 3 个驱动轮实现全方位移动

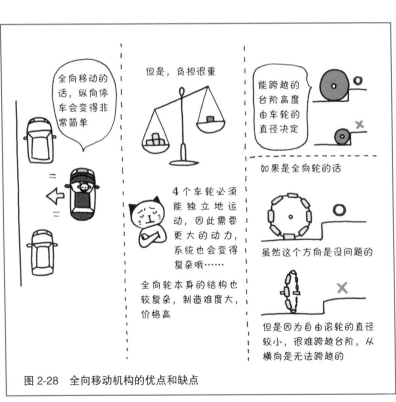

图 2-28 全向移动机构的优点和缺点

图 2-29　3 轮与 4 轮的区别

2.1.3 履带式移动

　　将金属或橡胶制成环状带，并在内部设置驱动轮，使其通过旋转来进行移动的机构称为履带（crawler，连续轨道）[①]。

　　由于履带与地面的接触面积比轮式大，因此更易于传递驱动力，即使在崎岖不平的地方、沙地、雪地等湿滑路面上也能行驶。由于履带适合在

[①] 通常称为卡特彼勒（Caterpillar），这是 Caterpillar Inc. 在美国的注册商标（商品名）。卡特彼勒在英文中的意思是"毛毛虫"。之所以取这个名称，是因为毛毛虫和履带都像在地上爬行一样移动。

崎岖地形上移动，因此常用在坦克、工程机械、农业机械等重型机械上。此外，通过独立驱动左右履带，不仅可以前进、后退和转弯，还可以进行原地转向。还有，如图 2-30 所示，只要履带上的某处与地面有接触，就可以传递驱动力，因此可以跨越一些台阶。通过在机器人的前后安装脚蹼（带有履带的机械臂），还可以克服高于履带高度的台阶。

图 2-30　履带式移动机构

　　然而，接触面越宽，与地面的摩擦力也越大。随着能量损失的加大，移动所需的能量增加，使用履带的机器人很难以较快的速度移动。另外，由于结构复杂，这种机器人也有笨重和易损坏的缺点。

2.1.4 联合使用足式和轮式的移动方式

　　到目前为止，我们已经介绍了足式移动和轮式移动的优缺点，但是哪种方式更好呢？具有高行驶性能的足式移动机器人在有台阶和凹凸不平的地方是有利的，而轮式移动机器人在平地上具有高机动性，并且可以高速、高效地移动。为了充分发挥足式和轮式双方的优点，可以采用图 2-31 中称为足轮式 [①] 的移动方式。

　　在足轮式移动中，可以通过在平坦的地面上使用车轮转动来高速、高效地移动，并在有台阶或凹凸不平的地方使用机械腿来克服它们。此外，根据用于移动的腿和轮子的数量及其部署方式，可以延伸出各种类型的机器人。图 2-32 是实际的足轮式机器人示例，图 2-33 则显示了足轮式的各种形态。

---

① 它也被称为足式和轮式的混合类型。

图 2-31 足式与轮式，两者结合使用能在任何地方移动吗？

Battlefield Extraction-Assist Robot（BEAR）足轮式机器人 Roller-Walker

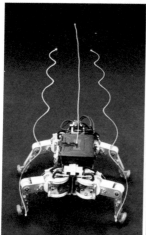

（图片由东京工业大学广濑茂男名誉教授·福岛研究室提供）

足履带式混合移动机器人 TITAN X
（图片由东京工业大学广濑茂男名誉教授·福岛研究室提供）

图 2-32　现实中的足轮式机器人

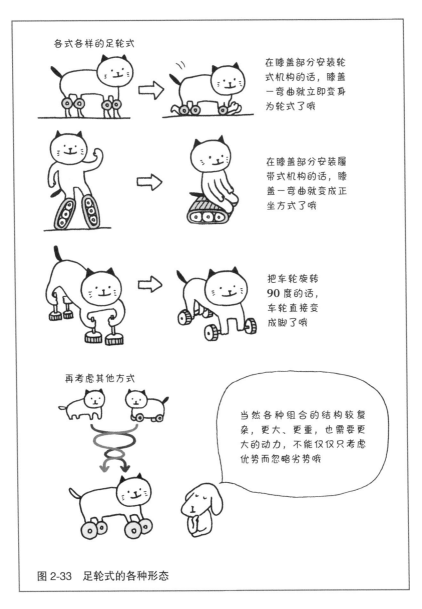

图 2-33 足轮式的各种形态

这样一来，足轮式机器人在移动方面似乎是万能的，但其结构复杂，必须同时具有足式机构和轮式机构，使机器人变得又大又重，并且需要消耗大量的能量。此外，在机器人移动时，要考虑的因素也比较多，比如如何在足式移动和轮式移动之间进行切换，这也使得控制系统变得更复杂。想要在联合使用两者的同时，达到两全其美，似乎很难[①]。

2.1.5　特殊的移动方式

在本章的开头，我们将机器人的移动方式分为足式和轮式，并介绍了两者结合应用的足轮式，以及履带式。除了这些已经介绍过的移动方式，机器人还具有很多其他特殊的移动方式，例如图 2-34 所示的多于 6 条腿的多足式移动，或者图 2-35 所示的通过左右摆动躯干向前爬行的蛇形移动式等。

另外，除了在地面上移动，人们还开发了图 2-36 所示的在空中飞行的机器人，以及在水下移动的鱼形机器人、潜艇机器人等（图 2-37、图 2-38、图 2-39、图 2-40）。足式、轮式、足轮式和图 2-34、图 2-36 所示的特殊移动方式，都各有优缺点，本节将对此进行说明。在开发、制造机器人的时候，需要根据机器人的移动环境和机器人要完成的工作来决定使用哪种移动方式。另外，想想我们周围的移动机器人和生物，它们都使用什么样的方式进行移动的？这也是很有趣的事情。

---

① 不限于一般的移动机构，制造或控制机器人时，根据机器人的大小、传感器和执行器的性能、使用机器人的环境以及机器人从事的工作，都会有各种限制。想完美地解决所有问题，实现小巧且高性能、更节能，只利用优势而避免劣势的方法基本是没有的。如何在给定的约束条件下实现必要的功能，需要努力权衡各种方式的优与劣。

图 2-34 多足式移动与蛇形移动

两栖蛇形机器人 ACM–R5
（图片由东京工业大学广濑茂男名誉教授·福岛研究室提供）

图 2-35 蛇形机器人示例

图 2-36 空中机器人的各种形态

无人机型机器人的群体行动
（图片由 KMel Robotics LLC 提供）

无人机型机器人的建筑作业
（图片由 Francois Lauginie / Gramazio & Kohler 和 Raffaello D'Andrea 与苏黎世联邦理工学院共同提供）

图 2-37 无人机型机器人示例

模仿燕尾蝶飞行的扑翼型机器人
（图片由千叶工业大学菊地康生教授提供）

图 2-38 扑翼型机器人示例

AirPenguin / AquaPenguin（Festo Industrial Automation）
（图片由 Festo Co., Ltd. 提供）

图 2-39 企鹅形空中 / 水下机器人

（图片由长崎大学研究生院山本郁夫教授提供）

图 2-40 鱼形机器人

2.2 操作机器人

2.1 节介绍了机器人的不同移动方式，相对于人类来说就是腿的移动方式。本节将介绍机械臂（机器人手臂）与机械臂上的末端执行器（手部效应器）。这两个部分分别与人类的手臂、手部相对应，是机器人执行诸如抓取、握住物体之类的任务时所必需的。

2.2.1 机械臂

机械臂是具有两个或多个关节的机器人手臂（robot arm），用于移动和操作物体（图 2-41）。在工厂的车间等环境中，它一般被称为工业机器人，多用于涂装、焊接和组装零件等工作（图 2-42）。

如图 2-43 所示，机械臂的关节包括转动关节和移动关节（线性关节）。转动关节是围绕某个轴旋转的关节，与人类手臂的关节类似；移动关节是沿某个轴伸展或收缩的关节。根据这些关节的排列、组合方式，机械臂可分为两种类型：串联机械臂和并联机械臂。

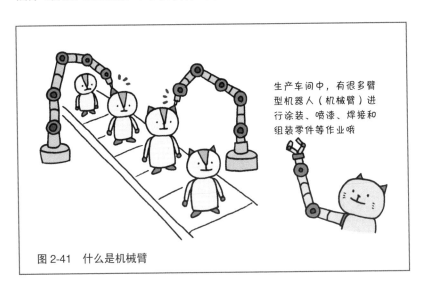

生产车间中，有很多臂型机器人（机械臂）进行涂装、喷漆、焊接和组装零件等作业哦

图 2-41 什么是机械臂

涂装、喷漆作业

焊接作业

（图片由丰田汽车提供）

图 2-42　汽车生产线上的工业机器人进行涂装、焊接等作业

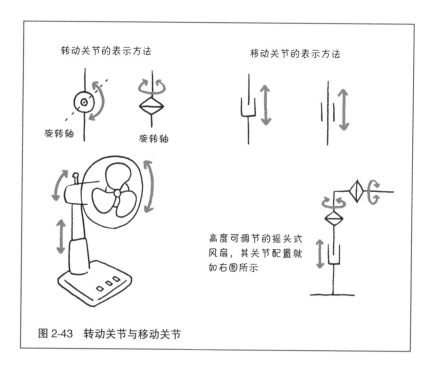

图 2-43　转动关节与移动关节

● 串联机械臂

如图 2-44 所示，将构成机械臂的关节连接成一排（串联），这类机械臂就称为串联机械臂。挖掘机或高空作业车上的机械臂是串联连接的，其运动部分（关节）是串联布置的，所以是串联机械臂。

如图 2-45 所示，利用三个转动关节在平面上移动的串联机械臂称为 SCARA（平面关节型机械臂，Selective Compliance Assembly Robot Arm）机器人。SCARA 机器人在平面上的运动范围较大，并且如 3.3.2 节所述，最适合进行零部件的插入、旋拧等作业，因此在电子部件安装等制造车间里很常见。

近年出现了一种六自由度机械臂。这种机械臂有 6 个独立运动的关节，不仅可以按前后、左右、上下 3 个方向运动，还可以绕各自的轴进行旋转。此外，人们还开发出有 1 个冗余自由度[①] 的七自由度机械臂，它能像人类一样在三维空间中执行各种任务。图 2-46 是串联机械臂的各种示例。

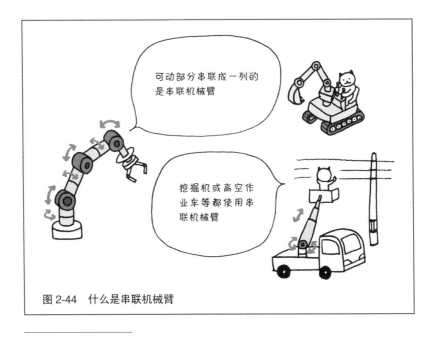

图 2-44　什么是串联机械臂

---

① 即使手是固定不动的，人的手臂也可以实现移动、关闭和打开腋窝。实现这种运动的 1 个自由度叫作冗余自由度。

平面关节型（串联机械臂）

能在平面上大范围自由移动，擅长从事零部件的插入、旋拧等作业

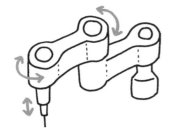

图 2-45 SCARA 机器人

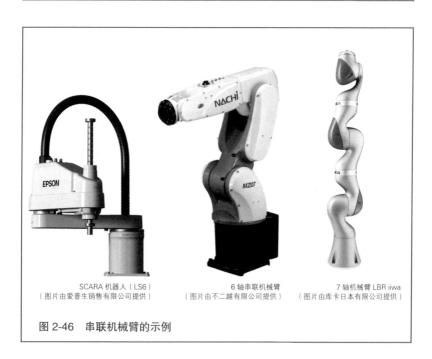

SCARA 机器人（LS6）
（图片由爱普生销售有限公司提供）

6 轴串联机械臂
（图片由不二越有限公司提供）

7 轴机械臂 LBR iiwa
（图片由库卡日本有限公司提供）

图 2-46 串联机械臂的示例

● 并联机械臂

　　如图 2-47 所示，与串联机械臂不同，并联机械臂的关节是平行排列的。在我们所熟悉的身边事物中，有很多属于并联机构，如小木偶玩具、支腿长度可调节的相机三脚架等，它们的可活动部件是平行排列的。

　　并联机械臂有多种形式，如仅使用转动关节的、仅使用移动关节的，以及转动关节和移动关节并用的。图 2-48 是并联机械臂的示例。

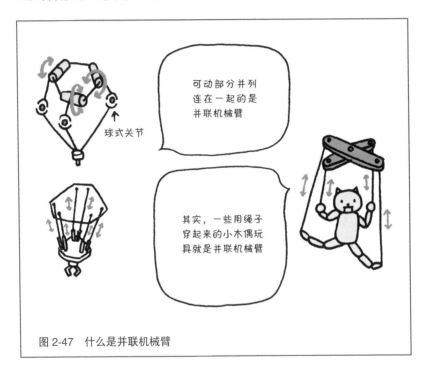

图 2-47　什么是并联机械臂

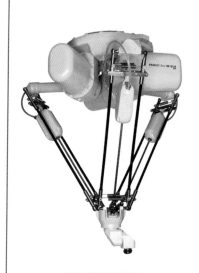

使用并联机械臂的机器人
（图片由发那科有限公司提供）

足部机构采用了并联机械臂的双足式移动机器人 WL-16
（图片由早稻田大学高西淳夫研究室提供）

图 2-48　并联机械臂的示例

● 对比串联机械臂和并联机械臂

串联机械臂和并联机械臂的关节部署方式不同，它们各有优缺点。

如图 2-49 所示，由于各关节的移动范围（可动范围）是独立的，因此串联机械臂的前端可动范围较大。而在并联机械臂中，运动部件是平行的，每个关节的可动范围会受到其他关节可动范围的影响，因此并联机械臂的可动范围较小。

但是，如图 2-50 所示，在串联机械臂中，根侧关节不仅要支撑自身，还要支撑末端的手侧关节，因此机械臂的承载质量会更小。另外，由于每个关节的误差（偏离目标位置）会发生累积，因此末端的误差就会更大。机械臂移动时，末端的位置精度会更低。

图 2-49 串联机械臂的可动范围更大

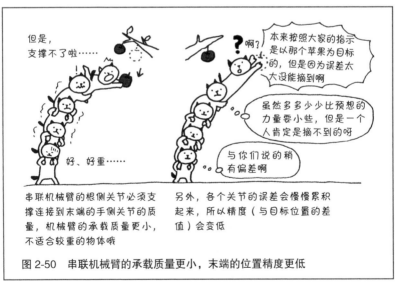

串联机械臂的根侧关节必须支撑连接到末端的手侧关节的质量，机械臂的承载质量更小，不适合较重的物体哦

另外，各个关节的误差会慢慢累积起来，所以精度（与目标位置的差值）会变低

图 2-50 串联机械臂的承载质量更小，末端的位置精度更低

反观并联机械臂，如图 2-51 所示，由于关节是平行排列的，因此机械臂本身的质量和它所承载的物体质量会分布到所有关节上，其有效载荷

更大，移动速度也更快。此外，每个关节的误差会在所有关节中被分摊而不是累积，因此并联机械臂可以高精度地移动。

图 2-51 并联机械臂的承载质量更大，末端的位置精度更高

综上，即使使用相同的机械臂，其特性也会因关节排列的不同而发生很大的变化。表 2-1 比较了串联机械臂和并联机械臂，图 2-52 则是每种应用的示例。由于移动范围更大，串联机械臂常被用于汽车等工业产品的涂装和焊接。由于载荷更大，并联机械臂可用于模拟驾驶舱的运动（乘坐式飞行模拟器，见图 2-53 ）。此外，由于并联机械臂可以快速、准确地移动轻、小物体，因此这类机械臂在工业产品生产现场和食品加工厂都很常见，常被用于装箱、整理和排列产品，以及剔除不合格产品。

表 2-1 串联机械臂与并联机械臂的比较

	串联机械臂	并联机械臂
关节部署	串联	并联
可动范围	大	小
承载质量	小	大
末端速度	慢	快
末端精度	低	高

当然，串联机械臂在工厂的焊接、喷漆、涂装等作业中，有更大的可动范围，应用很广泛啊

准备着陆训练，去吧！

与此相对应，并联机械臂在工厂的电子基板、电子零部件等细小物品的精准定位和抓取等作业中，以及在飞行模拟器需要搭载重物的时候，有更多的应用呢

图 2-52 充分发挥串联机械臂和并联机械臂各自的优势，开发多种用途

飞行模拟器
（图片由三菱精密有限公司提供）

驾驶舱模拟器
（图片由日本东北大学未来科学技术联合研究中心 / 三菱精密有限公司提供）

图 2-53 使用并联机械臂的飞行模拟器和驾驶舱模拟器

● 单臂和双臂

顺便介绍一下，无论是串联还是并联，生产车间使用的机械臂往往是单臂。一般认为，用两只手臂（双臂）工作似乎更方便。人类就有两只手臂，可以同时用两只手臂操纵物体，可我们并没有看到很多用双机械臂工作的机器人。原因在于，两只机械臂很难协调操作（图 2-54）。

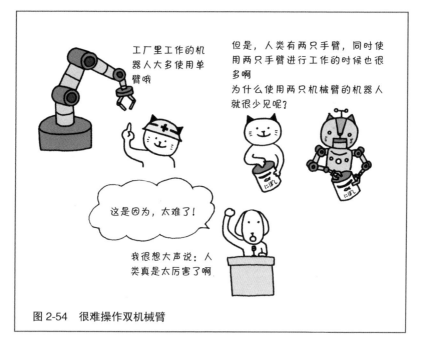

图 2-54　很难操作双机械臂

如图 2-55 所示，即使我们只移动单只机械臂，尚且需要进行包括正向运动学（从每个关节的运动计算出末端的运动）和逆向运动学（从末端的运动反推出每个关节的运动）在内的许多复杂计算[1]。出于这个原因，目前人们在生产车间使用机械臂时，通常都要事先用控制器[2]操控机器人，

---

[1]　除了正向运动学和逆向运动学（也称反向运动学），还有从机械臂每个关节的力推测末端运动情况的正向动力学（forward dynamics），以及根据末端运动情况计算出每个关节所需力的大小的逆向动力学（inverse dynamics）等。

[2]　用于控制工业机器人的机械臂，也称为示教器。

记录其相应的运动轨迹，然后根据此前的记录再现[1]这种操作。

单臂移动已非易事，何况双臂呢？如图 2-56 所示，操作双机械臂时，不仅要考虑每只机械臂的动作，还要考虑如何根据一只机械臂的动作移动、匹配另一只机械臂的动作。这样一来，计算就变得更加复杂了。此外，当我们用两只机械臂操作、搬运物体时，由于末端位置的误差或计算结果与实际值之间存在偏差，因此搬运的物体或机械臂本身就可能被损坏。防止这种情况发生的方法，将在 3.3.2 节中说明。

图 2-55 操作机械臂需要进行复杂的计算

---

[1] 预先示教操作并以这种方式再现的方法称为示教回放方法。

如果变成双臂的话……

但是这样的话，计算旋转角度的难度要复杂 2 倍以上哦

左 1 号往右扭转 10 度
左 2 号伸长 5 厘米
左 3 号往左扭转 20 度

右 1 号往左扭转 20 度
右 2 号伸长 10 厘米
右 3 号往右扭转 120 度

而且如果稍有误差，或者有计算错误的话……

搬运的东西就掉下来了……

这次把东西挤碎了啊……

对方比预计的更使劲了，掉下来了啊……受伤了，太危险了哦!

有搬运的东西发生破损或机械臂本身损毁的可能性

所以双臂是很难的哦，还是单臂更好吧?

这个嘛，稍后再说明哦!

图 2-56　机械臂数量翻倍，难度也会更大

猫咪博士的 **智慧库**

操作机械臂的计算难点

上文提到过，为了正确操作机械臂，无论是从各个关节的位移算出末端位置和姿势变化的正向运动学，还是已知末端位置和姿势变化时反推出各个关节位移的逆向运动学（图 2-57），我们都要搞清楚才行。逆向运动学尤其难以求解，图 2-58 的示例中，便存在多个解的可能——实现特定的机械臂末端位置和姿势，可能存在多种关节角位移。

此外，为了精确控制机械臂，无论是从机械臂各关节产生的力和扭矩来计算末端运动的正向动力学（forward dynamics），还是从末端想要执行的运动反推出每个关节应该有多大的力或扭矩的逆向动力学（inverse dynamics），我们同样必须了解清楚。如此一来，需要的计算非常复杂。在这个时候，我们学过的三角函数、向量和矩阵等，都将起非常重要的作用。

雅可比矩阵（Jacobian matrix）显示了每个关节的位移与末端的位置和姿态变化之间的关系。观测位置（坐标系）改变时，需要用坐标变换求出目标位置和姿态。将位置和姿态的坐标变换合二为一，需要用到齐次变换矩阵。可见，三角函数、向量和矩阵的知识在操作机械臂时大有可为。详细的数学原理在这里就略过了，但是当你想抛出"我们学正弦、余弦、正切、向量和矩阵的乘法、求逆矩阵时，究竟都有什么用处"之类的疑问时，多想想机械臂的操控就明白了。

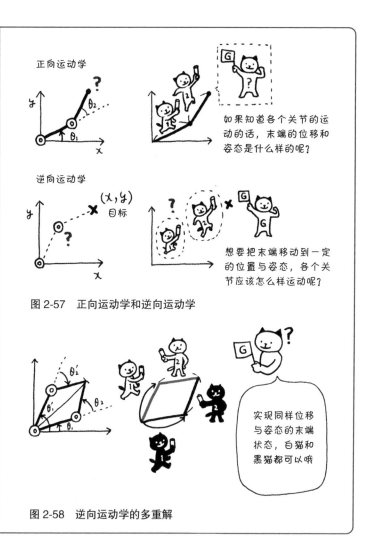

图 2-57 正向运动学和逆向运动学

图 2-58 逆向运动学的多重解

2.2.2 末端执行器

机械臂是机器人的臂膀，附在机械臂上进行作业的、如同人的手一样的部分，称为末端执行器（end effector，手部效应器 [①]，图 2-59）。喷漆用的喷枪和焊接用的焊枪都包含末端执行器，其中执行与人手相同任务（例如抓取、夹握和拧捏物体）的部分，则称为（机器人）手或机械手。

图 2-59　什么是末端执行器

听到"机器人手"这个词时，你可能会想象一只手，能够像人的五根手指一样做复杂的动作，如图 2-60 和图 2-61 所示。的确，大多数机器人手属于通用手 [②]，能够像人手那样进行抓、握、夹、捏 [③] 等各种动作。但是，如图 2-62 所示，随着手指和关节数量的增加，手的结构会变得更复杂，手本身的质量相应增加，机器人的有效载荷将随之减少。这种结构复杂的手移动和制作都很困难，不能因为它是通用手，就认为它可以用于任何目的。

因此，我们应该根据抓握的物体和具体的工作内容，选择合适的机械

[①]　由于是附在末端（end）产生某种效果（effect）的装置，所以在日语中也直接被称为"手部效应器"。在中文中，则直接称为末端执行器。——译者注

[②]　有能力执行许多任务，而不仅仅是一项任务，称为"通用"。

[③]　抓、握、夹、捏来确定手中物体的位置称为"抓握"（grasping），抬起或扭转以改变被抓物体的位置或姿态的称为"搬运"（handling）。它是一个动名词，在手柄的名词后加上了 ing，意思是操作和操控。

手。如图 2-63 所示,一个是简单的夹持器,只能打开和闭合手指;另一个是复杂一些的三指手,能够通过改变每根手指的位置来抓、握、夹、捏等(图 2-64)。

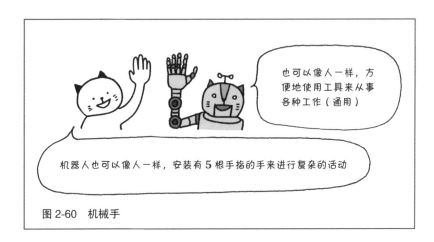

图 2-60 机械手

Shadow Hand
(图片来自 Shadow Robot 公司)

图 2-61 通用手

每根手指都像并联机械臂一样啊

· 手本身会变重、变复杂
· 有效载荷变小
· 运动速度变慢
· 价格更高

图 2-62 通用手也有各种缺点

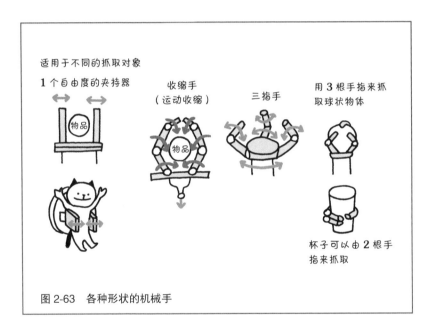

适用于不同的抓取对象

1 个自由度的夹持器

收缩手（运动收缩）

三指手

用 3 根手指来抓取球状物体

杯子可以由 2 根手指来抓取

图 2-63 各种形状的机械手

"D–Hand Type A 3H"
（图片由 Syscom 有限公司提供）

（图片由公牛技研有限公司提供）

图 2-64 三指手示例

  本章介绍了机器人的不同形式及其特点。每种形式的机器人都有其优缺点。在使用或移动机器人时，我们应根据相应的工作和环境选择合适的机器人。在第 3 章中，我们将对机器人的身体、传感器、执行器以及计算机等内容加以说明。

第 3 章

机器人的内部结构

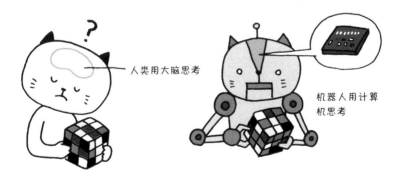

人类用大脑思考

机器人用计算
机思考

本书首先是从机器人形式开始介绍的。但是，即使形式确定了，如果没有身体（内部结构）的话，机器人也不能移动。第 1 章提到，机器人是一种有感觉、会思考、能运动的智能机器。如图 3-1 所示，它的身体是由传感器（感受部分）、执行器（运动部分）和计算机（思考部分）构成的。在本章中，我们将首先介绍机器人常用的传感器和执行器，然后举例说明计算机是如何根据传感器所采集的信息来操控执行器的。

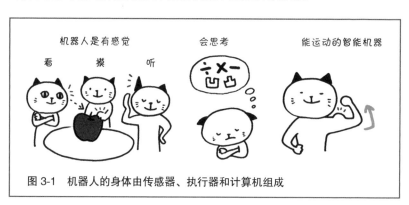

图 3-1 机器人的身体由传感器、执行器和计算机组成

3.1 传感器：感受的部分

人和动物可以获得自己身体的感觉，例如当下自己手臂和腿的姿势，以及脸部的朝向等。你还可以通过眼睛、耳朵和鼻子等器官感受外部世界的信息，形成视觉、听觉和嗅觉等。

当机器人从事某项工作时，就像人类一样，它也需要自身与周围环境的信息。传感器（sensor）是从机器人自身的物理感知和外部世界中获取可被计算机处理的信息的设备[1]。就像人类有眼睛、耳朵和鼻子一样，根据获取的信息不同，机器人也有各种类型的传感器。

---

[1] 获取机器人自身参数、信息的传感器称为"内部传感器"。获取外部环境参数、信息的传感器称为"外部传感器"。

3.1.1 测量角度和旋转速度

即使机器人有了腿和机械臂，如果不知道旋转关节的角度，机器人也无法知道其自身当前处于什么样的姿态。同样，在车轮转动的情况下，想要了解机器人行进的距离，就必须计算车轮的转数。除此以外，为了控制机器人的运动，也需要了解机器人本身的速度和加速度。在这里，我们将介绍用于测量关节角度、计算车轮转数和测量机器人倾斜角的传感器，以及用于测量加速度的传感器。

● 电位器

如果向打开的方向旋转水龙头，流出的水量会增加；如果向拧紧的方向旋转水龙头，流出的水量就会减少。电位器是一种传感器，它的原理与水龙头相似，能够在一定范围内测量围绕某一轴的角度变化（图 3-2）。图 3-3 显示了电位器的工作原理。电位器内部有一个可变电阻，可通过改变旋钮的角度来改变电阻值。电阻值的变化将使电位器输出的电压随之变化，然后根据欧姆定律[①] 即可得到其角度。

（图片由日本电产科宝电子有限公司提供）

图 3-2　电位器

[①]　与开关水龙头和水量的概念类似，欧姆定律是关于电流、电压和电阻关系的定律。如果水龙头的水压相同，打开水龙头会增加水量，关闭水龙头会减少水量。同理，欧姆定律指出，如果施加的电压相同，则电流会随着电阻的减小而增大，随着电阻的增大而减小。

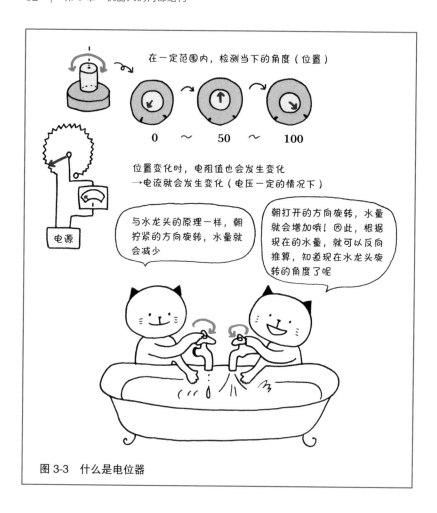

图 3-3　什么是电位器

● 编码器

电位器只能测量一定范围内的角度变化。如图 3-4 所示，当水龙头已经全开时，水量也就不能再增加了。称为编码器[①]的传感器，可以用来测量车轮或其他围绕某个轴多次旋转的物体的角度和转数（图 3-5）。

---

① 编码器有两种类型：增量编码器测量从第一个角度旋转的相对角度，绝对编码器测量从固定位置测量时当前角度的绝对角度。

图 3-4　如何测量自由旋转的物体的角度

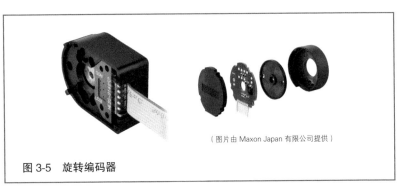

（图片由 Maxon Japan 有限公司提供）

图 3-5　旋转编码器

　　如图 3-6 所示，编码器包含一个随着轴的转动而旋转的圆盘。该圆盘上有许多等间隔的狭缝（间隙），光照在圆盘的一侧，检测并统计穿过另一侧狭缝的光的闪烁次数，我们就可以获得轴的旋转角度、旋转次数、转速等信息[①]。如图 3-7 所示，增加狭缝的数量能实现更精细的角度检测。

---

① 除了开一条狭缝让光通过，还有其他检测角度的方法，如在圆盘上交替设置光反射 / 非反射部件，以检测与发光同侧的光线的方法，或使用磁铁，通过检测磁力的变化检测旋转角度的方法。

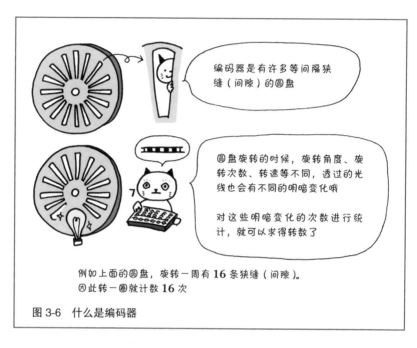

图 3-6　什么是编码器

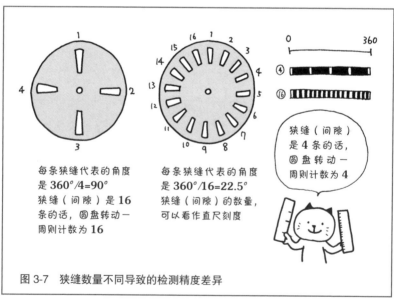

图 3-7　狭缝数量不同导致的检测精度差异

● 倾斜角传感器

顾名思义，倾斜角传感器是一种检测传感器所处位置倾斜度的传感器。倾斜角传感器内部有一个带有线圈和磁铁的摆锤，如图 3-8 所示。当传感器倾斜时，摆锤摆动，磁铁与线圈之间的距离发生变化，线圈中由于电磁感应而产生电流。通过测量该电流的变化，就可以检测倾斜度的变化。

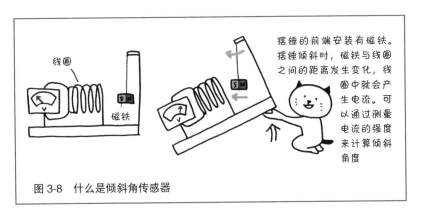

图 3-8　什么是倾斜角传感器

● 加速度计

对于轮式机器人，我们可以使用编码器计算轮子的转数，据此计算出机器人的移动距离；我们也可以求出一定时间内机器人行进的距离，然后除以时间，得出机器人的速度。如何求机器人的加速度呢？我们可以首先找出一定时间内移动速度的变化量，然后除以时间来获得机器人的加速度[①]；此外，还可以利用专门的加速度传感器，直接测量机器人的加速度。

如图 3-9 所示，加速度计由一个弹簧和一个附着其上的重物组成。当机器人加速或减速时，根据惯性定律，重物由于惯性力的作用而使弹簧拉伸或压缩。通过测量弹簧伸长或收缩的量，我们便能够计算出机器人的加速度。

---

① 从位置到速度、速度到加速度的计算过程中，误差会不断累积，仅靠编码器难以获得准确的加速度。

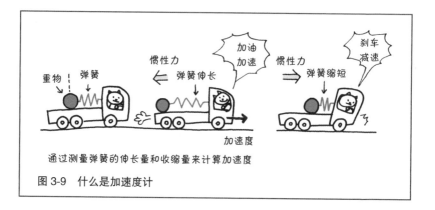

图 3-9 什么是加速度计

猫咪博士的智慧库

惯性定律

惯性定律指的是，一切物体在没有受到力的作用时，总保持静止状态或匀速直线运动状态。静止物体试图移动时，产生的惯性力朝停止移动的方向；正在移动的物体试图停止时，产生的惯性力朝继续移动的方向（图 3-10）。在自行车或摩托车的行进过程中踩刹车突然制动前轮时，后轮离地，由于惯性力的作用，自行车或摩托车会继续沿着行进方向移动一段距离。乘坐火车和公共汽车等车辆时，经常可以感受到惯性力的作用。

图 3-10 惯性定律

猫咪博士的 **智慧库**

微分（积分）与机器人位置（速度）之间的关系

微分用于计算从移动机器人的位置获得移动速度，积分用于计算从移动速度获得机器人的位置。对函数进行微分，以找到该点处切线的斜率，应该是读者朋友们高中学习的内容。当横轴为时间，纵轴为机器人位移时，切线的斜率就是机器人的速度。在图 3-11 的例子中，从各时刻切线的斜率来看，机器人在 t_1 时刻慢慢移动，在 t_2 时刻变快了，从 t_3 时刻到 t_4 时刻速度变为零，从 t_4 时刻到 t_5 时刻，机器人是朝着相反的方向移动的。

与此相对应，大家应该都学过，对一个函数进行积分的话，可以求得由横轴和该函数图形所包围区域的面积。如果横轴是时间，纵轴是机器人的速度，那么某段时间（Δt）的面积与机器人的位移是一致的，如图 3-12 所示。机器人的当前位置便可以通过将它们从运动开始到现在全部相加得到，即通过求积分得到。时间间隔 Δt 划分得越精细，计算得到的当前位置就越准确，但计算量也越大。此外，还有条形（矩形）近似、梯形近似等方法，来获取一定时间内的面积。梯形近似在求解位置时更准确，但条形近似更容易计算。

以这种方式通过对传感器的数值积分来确定当前位置的方法，称为航位推算（dead-reckoning）。在航位推算中，轮式移动机器人的速度通过安装在轮子上的编码器进行积分，并以里程计（odometry）计算机器人的当前位置。另外，利用能获得旋转角速度的加速度传感器或陀螺仪传感器，求得机器人的加速度和速度，然后积分求出机器人当前位置的方法称为惯性导航系统（intertial navigation system），这种手段在无人机或水下机器人中应用得很广泛。

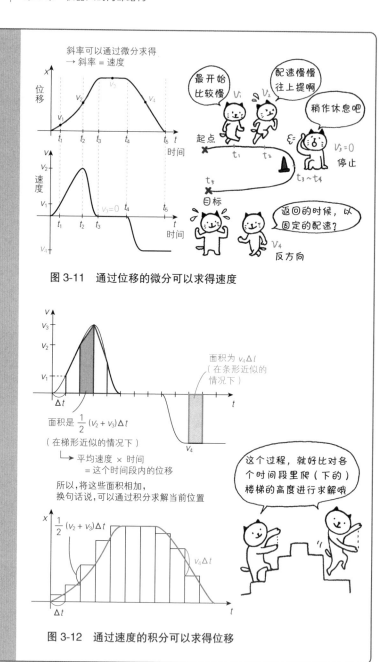

图 3-11 通过位移的微分可以求得速度

图 3-12 通过速度的积分可以求得位移

● 陀螺仪（角速度）传感器

陀螺仪（角速度）传感器与加速度计一样，是一种利用惯性力来确定角速度的传感器。如图 3-13 所示，角速度是通过检测物体旋转时产生的科里奥利力（惯性力之一）产生的振动来计算的。

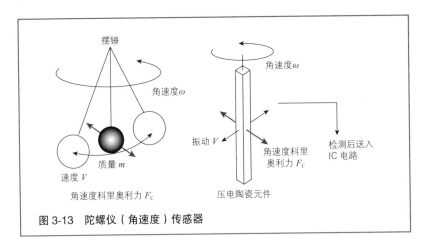

图 3-13　陀螺仪（角速度）传感器

3.1.2 测量距离

机器人在移动的时候，必须及时发现并避开墙壁等障碍物。在这里，我们将介绍声呐、PSD 传感器和激光测距仪等。这些传感器都用于测量机器人到目标的距离。

● 声呐（超声波传感器）

对于速度已知的物体，利用击中目标并返回所需的时间，可以测算出到目标的距离。如图 3-14 所示，使用超声波[①]检测目标的传感器称为声呐，或是超声波传感器（图 3-15）。

---

① 人耳听不到的高频声音。

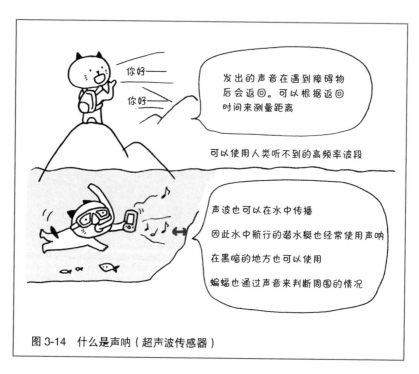

图 3-14 什么是声呐（超声波传感器）

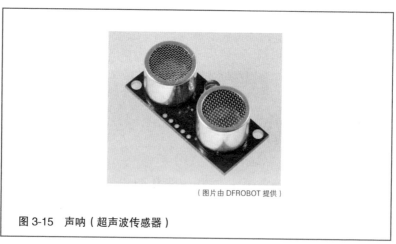

（图片由 DFROBOT 提供）

图 3-15 声呐（超声波传感器）

　　由于超声波不受周围环境、物体颜色或光线明暗的影响，并且在水中比在陆地上更容易传播，因此声呐不仅适用于黑暗或水下环境，还可以检测透明物体。但是，超声波的传播速度比光速慢，且不能传播很远的距离，因此无法检测距离太远的物体。此外，由于声速会随温度变化，因此声呐容易受温度影响。如果物体或传感器周围有吸收声音的东西（如布等），测量精度就会下降。

● PSD[①] 传感器（红外线测距传感器）

　　使用光（红外线）来检测目标的传感器称为 PSD 传感器（红外线测距传感器，见图 3-16）。如图 3-17 所示，PSD 传感器通过透镜将红外线从光源照射到目标上，击中目标并反射回来的红外线被接收器的透镜收集。如图 3-18 所示，由于收集到的反射红外线会根据到目标的距离而变化，因此可以通过三角测量原理来测量到目标的距离。

　　光不仅速度快，也可以传播很远的距离。因此，与声呐相比，PSD 传感器可以探测到更远的物体。此外，由于光以直线方式穿过镜头，因此可以高指向性地精确测量到目标的距离[②]。然而，红外线的反射情况与物体的颜色有关，不反射光线的透明物体、吸收光线的黑色物体便难以检测了。另外，由于其基本原理是使用光线，因此 PSD 传感器不能在强光直接进入接收器的环境中使用，也不能在雾霾等光线难以通过的环境中使用。

---

① PSD 是位置（Position）、感知（Sensitive）、检测器（Detector）这几个英文单词的首字母缩写。

② 在日语中，它被称为具有"高指向性"。英语是 pin point。

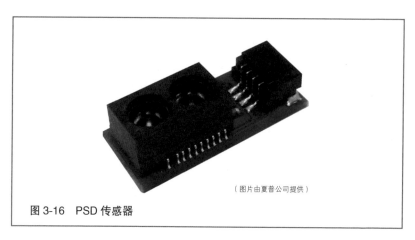

（图片由夏普公司提供）

图 3-16　PSD 传感器

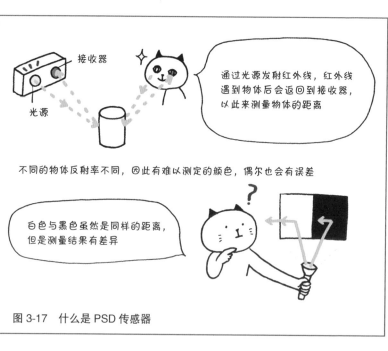

图 3-17　什么是 PSD 传感器

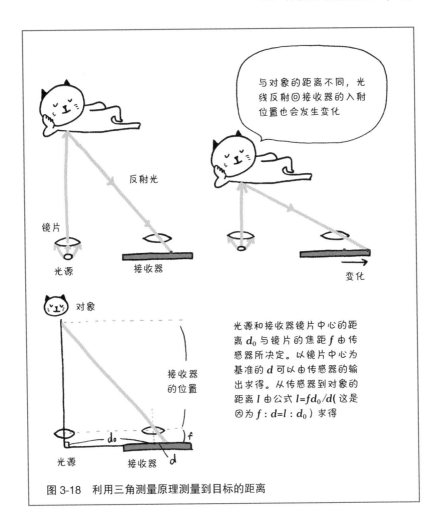

图 3-18 利用三角测量原理测量到目标的距离

● 激光测距仪

声呐和 PSD 传感器都是测量反射超声波或红外线的目标点的距离传感器。然而，移动机器人的各项应用中，不仅需要点的信息，还需要平面或空间中物体的形状、位置信息。要满足这样的需求，可以将很多个声呐和 PSD 传感器安装到机器人上，然后在目标上找到多个点。但是如果传感器的数量增加，如图 3-19 所示，这些数据、信息处理起来也将更加复杂。

　　在激光测距仪中，光源发出的红外激光并不直接照射到目标上，而是如图 3-20 所示，入射到传感器内部的镜子后再反射出来。通过改变这面镜子的角度，可以仅用一个光源测量传感器周围各种物体的距离。此外，通过移动传感器，就可以知道物体在空间和平面中的位置和形状。图 3-21 是激光测距仪及其检测结果的示例。

图 3-19　是否需要很多传感器才能测量周围的信息

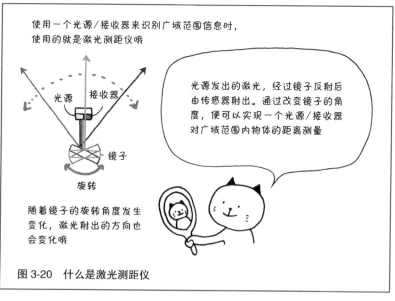

图 3-20　什么是激光测距仪

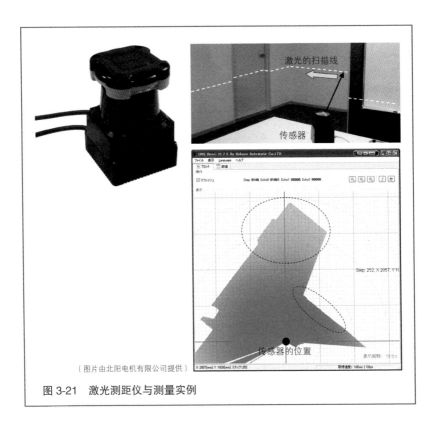

（图片由北阳电机有限公司提供）

图 3-21　激光测距仪与测量实例

3.1.3 感受力和力矩

当对物体施加作用力时，物体会根据所施加的力的大小而移动或产生形变[1]。通过这种变化，我们可以测量物体所受的力或力矩[2]。

即使塑料尺因受到图 3-22 所示的外力而变形，当停止施力时，尺子也会恢复到原来的形状。但是，如果你对一次性筷子施加同样的力，一次性筷子就会断裂。如果传感器像一次性筷子那样易发生断裂的话，那便是一个问题。像塑料尺那样，在受力时（一定范围内）产生形变，在停止施

---

① 物体形态的变化称为形变。

② 力对物体作用时所产生的转动效应的物理量。

力时恢复原状，这被称为弹性体。传感器内部就由弹性体构成，可以通过测量弹性体的位移和形变来测量力和力矩。

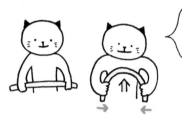

当对物体施加作用力时，物体的位置会发生变化（移动），形状也会发生变化（变形）

通过对物体的移动距离或变形程度进行测量，就可以得到力（力矩）的大小

图 3-22　当对物体施加作用力时，物体会移动或变形

● 应变片

为了测量弹性体发生的形变，我们通常采用图 3-23 所示的称为应变片的组件。应变片内部有一根能通过电流的导线。当膨胀或收缩时，导线相应地变粗或变细，电阻值也发生变化。通过欧姆定律检测电阻值的变化，便可以推算出物体的形变量。

如图 3-24 所示，通常将两片应变片成对连接到弹性体[①] 上，观察两片应变片之间的电阻差异，可以确定施加在弹性体上的力或力矩的大小。一对应变片可以测量在一个方向上施加的力或围绕一个轴施加的力矩。

---

① 用于检测力 / 力矩的弹性体，特别是可以发生形变的物体，有时称为应变体。

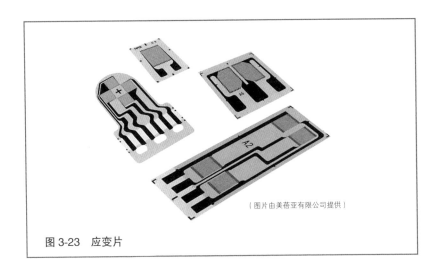

（图片由美蓓亚有限公司提供）

图 3-23 应变片

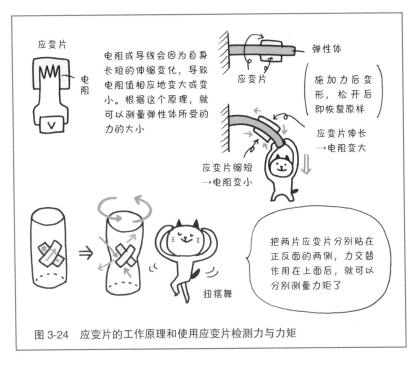

图 3-24 应变片的工作原理和使用应变片检测力与力矩

● 电容式传感器

除应变片外，我们还可以用电容来检测物体的形变。如图 3-25 所示，如果将导体隔开，并使导体之间产生电压，则可以在它们之间储存一定量的电荷[1]，所能够储存的电荷量就称为电容。由于该电容会根据两个导体之间的距离而变化，因此我们可以通过测量电容的大小来检测位移、形变、力和力矩。

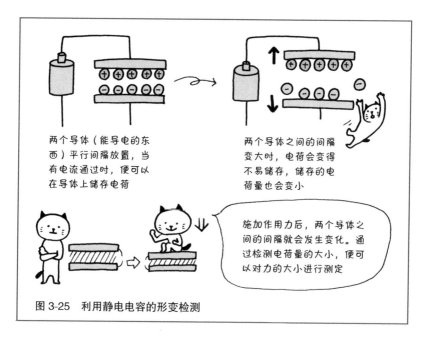

两个导体（能导电的东西）平行间隔放置，当有电流通过时，便可以在导体上储存电荷

两个导体之间的间隔变大时，电荷会变得不易储存，储存的电荷量也会变小

施加作用力后，两个导体之间的间隔就会发生变化。通过检测电荷量的大小，便可以对力的大小进行测定

图 3-25 利用静电电容的形变检测

● 使用压电元件[2] 的传感器

在电容式传感器中，在两个导体之间施加电压会产生电荷；相反，当对一个导体施加力使其变形时，内部的电荷也会移动，在导体两端产生电压，如图 3-26 所示。这种现象称为压电效应。通过检测导体中产生的电

---

[1] 储存电荷的电元件称为电容器。

[2] 压电的英语是 piezoelectricity，有时简称为 piezo。压电元件有时称为 piezo element。

压，可以测量施加在导体上的力①。

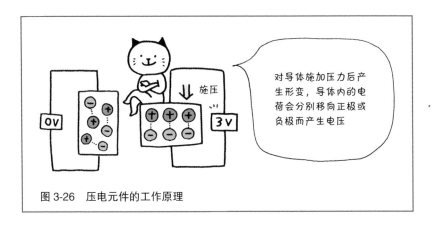

图 3-26 压电元件的工作原理

● 六轴力传感器

通过一对应变片、一对导体间的电容差，以及一个压电元件的电压，就如图 3-24 的应变片示例中那样，一般只能检测一个方向上的力和力矩。然而，我们人类和机器人都是在三维空间中活动的，这是具有 6 个自由度的空间。如图 3-27 所示，六轴力传感器增加了成对应变片的数量，以便独立获得施加在前后、左右、上下这三个方向上的力和绕三个轴的力矩，并且对应变片的布置和弹性体的形状进行了精心设计。

通过增加用于检测电容的电极数量并采用图 3-28 所示的布置方法，即使是电容式传感器也可以独立地测量 6 轴的力和力矩。当然，压电元件也可以这样做。图 3-29 显示了应变片式六轴力传感器和电容式六轴力传感器的例子。

---

① 石英陶瓷常被用作压电元件的导体。

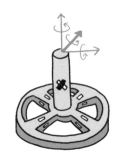

安装很多成对应变片，就可以测量各个方向的力和力矩

能检测 x、y、z 这 3 个方向及其轴向旋转的 6 个力和力矩，对弹性体的形状和应变片的贴片方式进行优化，便可以设计、制作出一个应变片式六轴力传感器

图 3-27　六轴力传感器

平行放置，可以测量力和力矩

与应变片式六轴传感器一样，精心地对电极的配置进行优化，就可以利用静电电容式六轴力传感器测量 6 轴的力和力矩

图 3-28　通过并排布置两个电极，可以使用静电电容式六轴力传感器单独测量力和力矩

薄膜应变片式六轴力传感器 TFS12
（图片由日本 Linax 有限公司提供）

静电电容式六轴力传感器 Dyn Pick®
（图片由和光科技有限公司提供）

图 3-29　应变片式六轴力传感器和静电电容式六轴力传感器

3.1.4 感受目标的形状、颜色、位置和运动

虽然使用声呐、PSD 传感器和激光测距仪可以检测目标的位置和形状，但机器人很难知道目标的颜色和运动情况。人类通常利用视觉来感知物体的位置、形状、颜色和运动。一般情况下，机器人也可以通过作为机器人眼睛的视觉传感器来获取视觉信息。

● 视觉传感器

现在大部分手机有拍照功能，即使不使用专用的数码相机，相信每个人也都有过拍照的体验。通过视觉传感器（摄像头、相机），机器人就可以知道周围物体的颜色、形状、位置等信息。

大街上的证件照机器、游戏机店里的照片贴纸机等，还配备了能让肤色看起来更亮的功能。使用这些机器，从捕获的图像中提取一定的颜色范围（接近皮肤颜色的颜色范围），就可以识别出皮肤的区域。视觉传感器还可以通过计算机对捕获的图像进行处理，来获取捕获对象的颜色和形状等信息。此外，还可以通过在连续图像（视频）中找到物体，并观察连续图像（视频）之间物体位置的变化，来了解物体的实际运动情况。

● 立体视觉

虽然使用视觉传感器可以检测目标的颜色和形状，但很难用单台相机检测目标的大小和到目标的距离（深度信息）。如图 3-30 所示，这是因为距离 1 米处高度为 1 米的物体和距离 2 米处高度为 2 米的物体，会被视觉传感器以相同的尺寸拍摄。

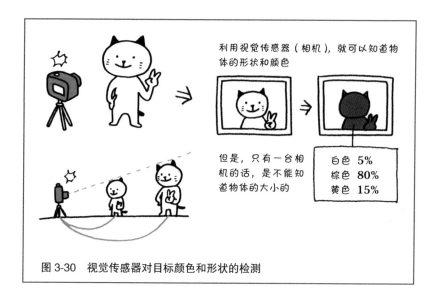

利用视觉传感器（相机），就可以知道物体的形状和颜色

但是，只有一台相机的话，是不能知道物体的大小的

白色 5%
棕色 80%
黄色 15%

图 3-30　视觉传感器对目标颜色和形状的检测

人类等很多动物有两只眼睛，通过比较、匹配两只眼睛获得的图像信息来感受深度信息。你可以试着一边注视本书中的插图，一边交替地闭上和睁开左右眼。分别用右眼观察和用左眼观察时，插图在视野中的位置是否有轻微移动？人类就是用这种视觉偏差来检测目标与眼睛之间的距离的。

通过并排使用两个视觉传感器，并在获得的图像中对目标的位置和大小进行匹配与比较，机器人便可以检测目标的大小和到目标的距离，如图 3-31 所示。此外，也可以通过增加视觉传感器的数量来提高检测精度。立体视觉系统、全景相机的示例，以及获得的图像数据分别如图 3-32、图 3-33 所示。

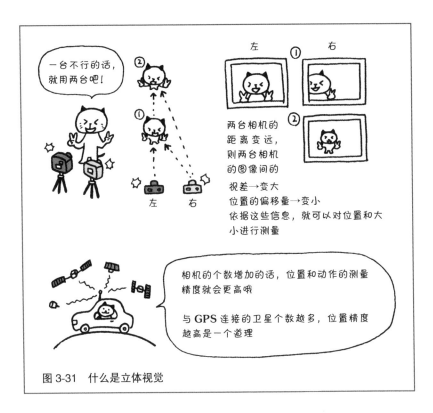

图 3-31　什么是立体视觉

（图片由 Point Gray Research, Inc. 提供）

图 3-32　立体视觉系统 Bumblebee

（图片由 Point Gray Research, Inc. 提供）

图 3-33　全景相机 Ladybug5

猫咪博士的 **智慧库**

模拟信号和数字信号

模拟（analog）信号是一个连续值，可以尽可能精细地测量物理量，例如重量和长度。与此相对应，数字（digital）信号是可以用固定比例计算的离散值。

如图 3-34 所示，用模拟式表示的刻度中，指针的位置在刻度之间不断变化，所以如果指针在 5 千克和 6 千克之间，只要仔细观察就可以得到足够精确的刻度值。与此相对应，数字秤会为体重接近的人显示相同的结果，如 5 千克，但实际体重可能是 4.9 千克或 5.1 千克。

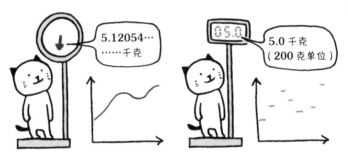

图 3-34　模拟信号和数字信号

迄今为止介绍的大多数传感器将测量结果输出为模拟值，例如电压。但是，在计算机即机器人思考的部分，数据是用 0 和 1 两个值来表示的（称为二值化），所以数字值更容易处理。因此，需要将从传感器输入的模拟值拟合成可以应用于计算机的数字值。这项工作称为 A/D 转换。图 3-35 显示了 A/D 转换的工作原理。

每台计算机具有不同的刻度值，这称为 A/D 转换的分辨率。分辨率越高，即刻度数越多，计算机从传感器获取的数据精度就越高，传感器输出的结果就越准确。

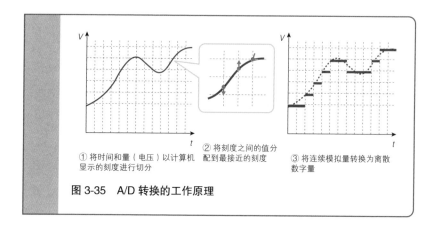

① 将时间和量（电压）以计算机
显示的刻度进行切分

② 将刻度之间的值分
配到最接近的刻度

③ 将连续模拟量转换为离散
数字量

图 3-35　A/D 转换的工作原理

3.2 执行器：运动的部分

执行器是利用电能或热能等能量来驱动并执行动作的部件（图 3-36），如常见的旋转电磁电机、燃油汽车发动机等。在这里，我们将介绍机器人常用的电磁电机、气动执行器、压电执行器和形状记忆合金等。

驱动机器人执行动作的部分
是执行器，有从电磁电机，
到油压、气压，再到形状记
忆合金等多种形式

图 3-36　执行器是执行动作的部件

3.2.1 电磁电机

在我们身边，从小到大的许多物件使用了电磁电机，比如电动牙刷、电风扇、电动汽车等（图 3-37）。电磁电机因电磁感应而旋转，产生的力矩大小和旋转速度可以随电流和电压的大小而改变[①]。电磁电机易于控制，在机器人领域，常被用于驱动轮子、转动关节等任务。

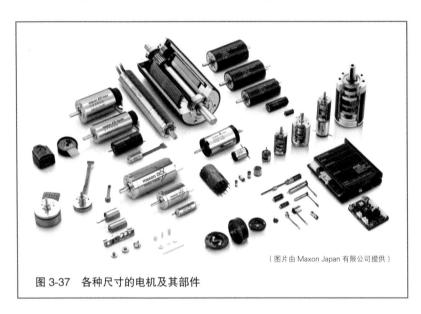

（图片由 Maxon Japan 有限公司提供）

图 3-37　各种尺寸的电机及其部件

电磁电机包括直流电机（图 3-38，转速取决于所受电压的高低）、步进电机（旋转角度固定）和伺服电机（图 3-39，可检测旋转角度以设置任意目标角度）等很多种类型。它们是由永磁体和电磁铁（在导线缠绕的线圈中插入金属芯）组成的。

在永磁体产生的磁场中放入导体，当电流通过导体时，根据左手定则（图 3-40）[②]，导体上会产生一定方向的力。这就是电磁电机的原理。

在图 3-41 中，当左右导体产生的力平衡时，旋转就会停止。如

---

① 外加电流和电机的力矩、外加电压和电机的转速成正比。

② 表示磁场方向、电流方向以及电流通过磁场中的导线时所产生的力的方向的定律。顺便说一句，还有右手定则，均由英籍工程师约翰・弗莱明（John Fleming）提出。

图 3-42 所示，在线圈中插入金属芯从而制成电磁铁。当线圈中的电流方向发生变化时，电磁铁的磁极会按照右手螺旋定则而变化[①]。以这种方式一个接一个地改变电磁铁的磁极，就会产生连续的旋转。

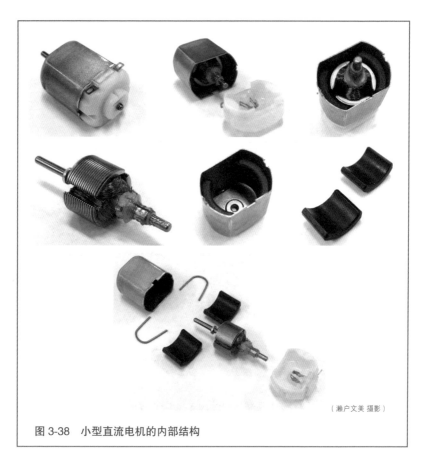

（濑户文美 摄影）

图 3-38　小型直流电机的内部结构

[①]　右手螺旋定则，是表示电流和电流激发磁场的磁感线方向间关系的定则。当电流通过导线时，会在导线周围产生同心圆状的磁场。

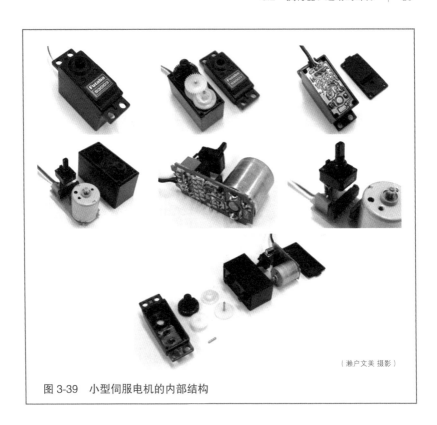

（濑户文美 摄影）

图 3-39 小型伺服电机的内部结构

右螺旋　　　　左手定则

耶！

电流通过电机内部时，其电磁铁的磁极会发生变化，进而发生旋转

常见的电磁电机有直流电机、结合步进电机和电位器的伺服电机等

图 3-40 通电旋转的电磁电机

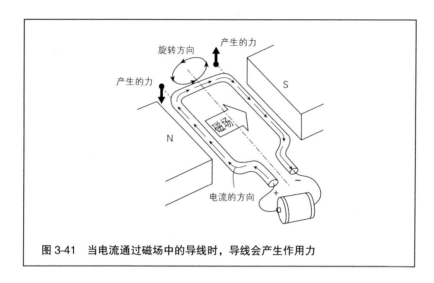

图 3-41 当电流通过磁场中的导线时，导线会产生作用力

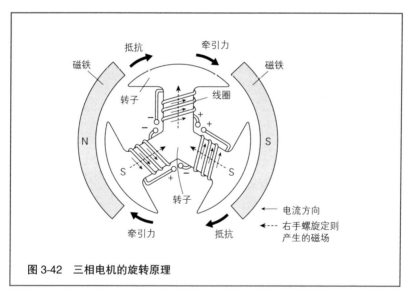

图 3-42 三相电机的旋转原理

3.2.2 气动执行器

用嘴向气球吹气时，气球会膨胀。当气球充满气时，如果松开手，空气会从气球中喷出，同时气球会在空中飞行，直到气球中的空气耗尽后落到地上。这种现象是由压缩和储存在气球中的空气的力量产生的。以压缩空气为动力源的执行器，称为气动执行器（图 3-43）。

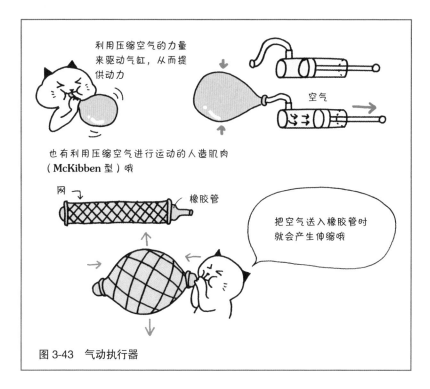

利用压缩空气的力量来驱动气缸，从而提供动力

空气

也有利用压缩空气进行运动的人造肌肉（McKibben 型）哦

网　　　橡胶管

把空气送入橡胶管时就会产生伸缩哦

图 3-43　气动执行器

气动执行器有多种类型，如图 3-44 所示的活塞式执行器（活塞在气缸内往复运动）和图 3-45 所示的 McKibben 型执行器（橡胶管用网覆盖制成）。因气压变化而膨胀和收缩的 McKibben 型执行器与人体肌肉一样灵活，因此也被称为人造肌肉执行器。使用人造肌肉执行器的机器人如图 3-46 和图 3-47 所示。

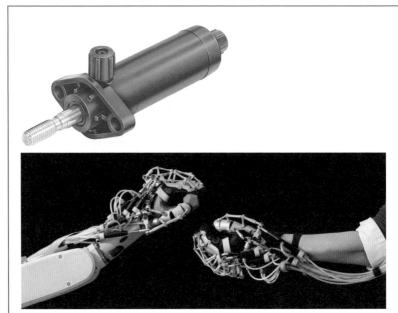

"ExoHand"（图片由 Festo 有限公司提供）

图 3-44 气缸和使用气缸的机械手

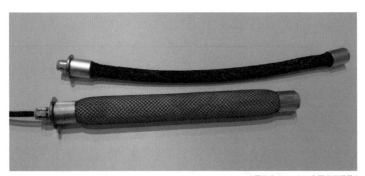

（图片由 Activelink 有限公司提供）

图 3-45 人造肌肉执行器

"艾瑞克的手臂"
（图片由 Festo 有限公司提供）

图 3-46　人造肌肉驱动的机械臂

（图片由日本中央大学理工学部中村太郎教授提供）

图 3-47　结肠镜蚯蚓机器人，使用人造肌肉执行器

3.2.3 压电执行器

3.1.3 节介绍的压电元件指的是导体在受力变形时会产生电压差的元件。与此相反，如图 3-48 所示，压电执行器利用的是逆压电效应，即导体在存在电压差时会产生机械变形。虽然这种执行器能产生的位移很小，但其体积也特别小，所以它在细微动作的执行方面特别有用。

压电执行器在日常生活中最常应用于扬声器。如图 3-49 所示，将压电元件附着在金属板上，反复改变施加在压电元件上的电压，金属板就会随之发生振动，从而使扬声器发出声音。这便是喇叭的工作原理。

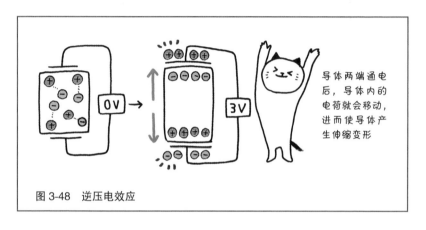

图 3-48 逆压电效应

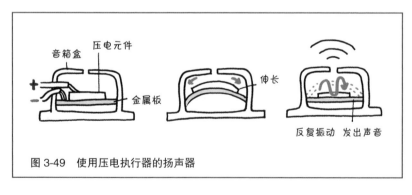

图 3-49 使用压电执行器的扬声器

3.2.4 形状记忆合金

顾名思义，形状记忆合金是指，即使发生了变形，也能在一定温度下恢复其原始形状的合金。形状记忆合金既可因直接加热和冷却而发生膨胀和收缩，也可在其自身通电产生的热量影响下发生变形。图 3-50 显示了使用形状记忆合金的弹簧式执行器。与压电执行器一样，使用形状记忆合金的执行器能产生的位移较小。不过，由于其具有体积小、重量轻的特点，因此这种执行器常被用于控制小型机器人，如图 3-51 所示。

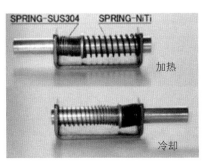

（图片由相互发条有限公司提供）

图 3-50 使用形状记忆合金的弹簧式执行器

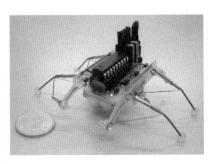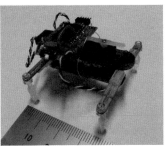

（图片由千叶工业大学菊池耕生教授提供）

图 3-51 使用形状记忆合金的小型四足式移动机器人

3.3 计算机：思考的部分

依据从传感器获得的信息，思考如何移动执行器并发出指令的部分，便是计算机。它是机器人的思考部分，类似于人类的大脑（图 3-52）。机器人的这部分，与我们身边常见的个人计算机相似。如果仍不具备足够的功能，我们可以将板与必要的功能（如传感器的输入和执行器的输出）自由组合，这便是单板机。此外，易于安装在机器人上的微控制单元（Microcontroller Unit，MCU）也较为常见。

人类用大脑思考

机器人用计算机思考

图 3-52 　人类用大脑思考，而机器人用计算机思考

让计算机根据需要来移动机器人，这个过程称为控制（control）。控制手段有很多，包括反馈控制、顺序控制、自主控制等。

用传感器检测执行器的输出结果并再次返回输入的控制称为反馈控制。对于来自传感器的输入，预先确定执行器的输出，在有输入时按顺序进行输出的控制称为顺序控制，如在按下开关时顺序执行固定动作。图 3-53 和图 3-54 分别显示了反馈控制和顺序控制的例子。

此外，机器人在不接受任何人为指令或机动动作的情况下，根据从传感器获得的信息自主判断和确定自己的动作和行为，并达到一定的目的，这种控制称为自主控制。如果一辆电动遥控车配备了传感器和计算机，可以在没有人为控制的情况下自动避开障碍物，那么就可以说这辆电动遥控车是自主控制的。在行驶方向和速度上遵循人为控制,并自动避开障碍物的控制称为半自主控制。

本节介绍了一些实例,详细说明如何控制自主机器人,以及计算机如何分析来自传感器的输入信息以生成执行器的输出。

图 3-53　什么是反馈控制

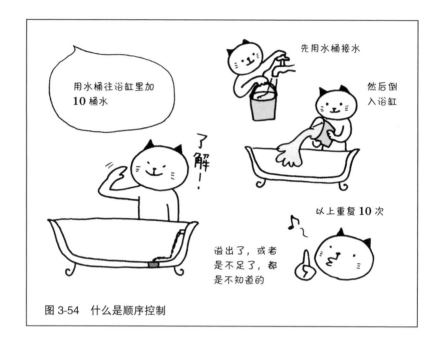

图 3-54 什么是顺序控制

3.3.1 将轮式机器人移动到既定目标位置

让我们来看将轮式机器人移动到目标位置的实例。根据从编码器获得的车轮转速和车轮直径，可以通过 3.1.1 节介绍的方法来计算机器人的移动距离。但是，当我们实际移动机器人时，它很少会完全与理论值一致。如图 3-55 所示，如果车轮与路面之间出现打滑，或者车轮直径、转速有微小的误差，那么实际行驶的距离会逐渐偏离计算值（理论值）。如果出现打滑或误差，我们如何才能将机器人准确地移动到既定的目标位置呢？

图 3-55　机器人很少按照预计的情况移动

　　一种方法是让机器人关注外部环境信息，而不仅仅是依赖像编码器这样的内部传感器。使用预先准备好的环境信息（地图）和测距传感器、视觉传感器等外部传感器，将传感器获取的信息与预先给定的环境信息进行比较，如图 3-56 所示，检测机器人的实际位置与目标位置（计算得到的理论值）之间的差值。如果检测到有偏差，就更新机器人的理论位置与实际位置，来纠正这个偏差。

　　还有一种方法是，即使事先没有给出环境信息，机器人也可以通过

激光测距仪、视觉传感器等识别周围环境，并在移动时构建环境地图①
（图 3-57 ）。

　　此外，还可以使用 GPS（Global Positioning System，全球定位系统）。
GPS 能接收从多颗人造卫星发出的信号，机器人根据这些信号就可以确定
当前在地球上的位置。

图 3-56　使用外部传感器和环境信息修正偏差

---

① 这种方法也称为 SLAM（Simultaneous Localization And Mapping），也就是即时定位
与地图构建。

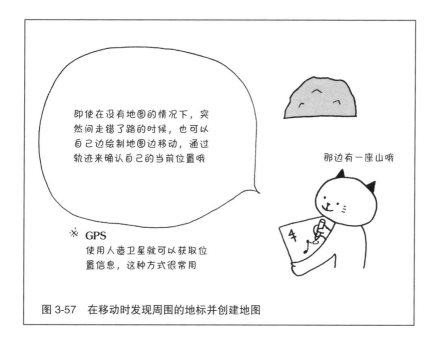

图 3-57　在移动时发现周围的地标并创建地图

3.3.2 使用机械臂组装零件，双臂协同工作

● 制孔作业

接下来，我们来看使用机械臂组装零件的实例。机械臂的手部位置可以通过每个关节的角度和关节之间的结合部分（连杆）的尺寸来获得。如图 3-58 所示，虽然可以通过正向运动学进行计算，但是计算得到的手部位置和实际的手部位置经常会有偏差。如图 3-59 所示，造成手部位置偏差的原因有很多，如计算时连杆的尺寸和重量与实际不同，连杆不是完全的刚体[①]，而会发生变形，末端执行器的输出也出现偏差，等等。这些偏差是不可能完全避免的。

但是，如图 3-60 所示，在制孔作业中，如果手部位置稍微偏移，

---

① 与弹性体相反，刚体是一种即使受力也不会变形的物体。

杆将无法准确插入孔中。为了解决这个问题，如图 3-61 所示，可在机械臂的执行器上安装一个力传感器，用于检测零件相互碰撞时产生的力，然后向释放力的方向移动机械臂。这种根据力的信息对机器人进行控制的方法，称为力控制。这与人类用手摸索着干活的动作很相似（图 3-62）。

　　除了使用力传感器，还可以使用视觉传感器来检查孔的位置和零件位置（图 3-63），把该信息反馈给机械臂，以此来匹配孔的位置和零件的位置。这种基于视觉信息控制机器人的方法称为视觉反馈。

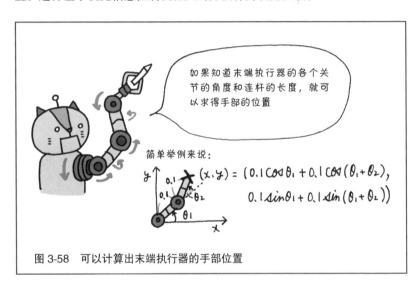

图 3-58　可以计算出末端执行器的手部位置

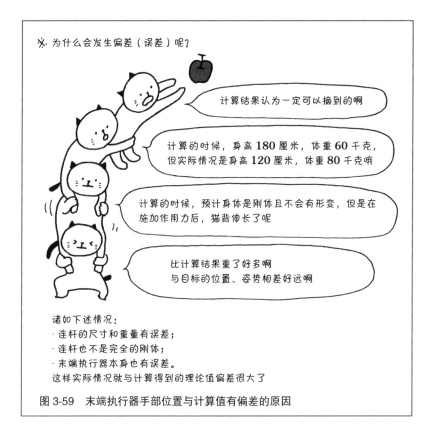

图 3-59 末端执行器手部位置与计算值有偏差的原因

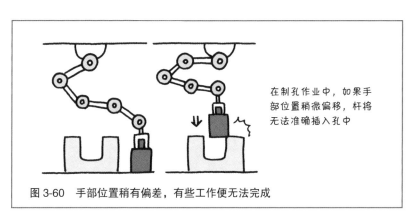

图 3-60 手部位置稍有偏差，有些工作便无法完成

在执行器的手部安装一个力传感器，如果移动机械臂后检测到力为零，就可以进行制孔作业了

图 3-61 使用力传感器实现制孔作业

用左手触碰墙体感觉力的作用而前进，右手则可以自由、毫不费力地前进

图 3-62 人类用手边摸索边执行各种任务

图 3-63　使用视觉传感器实现制孔作业

● **双臂协同工作**

如 2.2.1 节末尾所述, 使用两只机械臂搬运物体的双臂协同作业是一项艰巨的任务, 因为存在损坏物体或使机械臂本身发生故障的风险。然而, 人类可以使用两只手臂轻松地执行各种协同作业, 如图 3-64 所示, 这是因为人类会在无意识的情况下, 感觉到施加在手臂上的力, 并根据该力的反馈来改变双臂的运动。

如图 3-65 所示, 可以通过在机械臂上安装力传感器, 来检测机械臂对被搬运物体施加的力[①], 以保持作用在两只机械臂之间的内力恒定, 从而实现双臂协同工作。

---

① 施加在被搬运物体上的力包括影响物体运动的外力 (移动物体的力) 和不影响物体运动的内力。

就像前面介绍过的那样，使用双臂来搬运物体的情况是较复杂的：可能会损坏物体本身或执行器自身发生故障

破损！ 挤压！ 故障！

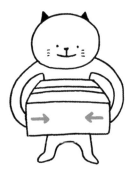

人们可以在搬运物体时，使出能让物体不摇晃、不掉落的恰到好处的劲儿

力传感器便利用这个力并进行测量，以此来保证双臂搬运物体时不发生破损，能够非常协调地运动

图 3-64 什么是双臂协同工作

图 3-65 利用力的信息实现双臂协同工作

3.3.3 机器人很难实现双足行走

在本章的最后，让我们来看双足式移动机器人的行走实例。首先，不考虑加速度的影响，从机器人缓慢移动的情况开始。

当机器人处于直立状态时，如果支撑多边形包含将机器人重心位置投影到地板上的点（重心投影点），则机器人的姿势是稳定的，不会翻倒。但是，如果一只腿抬起并向前行走，重心投影点将移出支撑多边形，机器人很容易翻倒[1]。为防止机器人翻倒，可以将摆动的腿向前落地以放大支撑多边形，使重心投影点再次包含在内。通过不断重复这个过程，就可以实现双足稳定行走（图 3-66）。

接下来，在考虑受加速度影响的情况之前，我们来看 ZMP（Zero Moment Point，零力矩点）的概念。当地板与机器人脚底接触时，机器人自重产生的重力作用于地板，如图 3-67 所示，脚底会相应地受来自地板的支撑力，即反作用力。反作用力分布在整个脚底上，将该分布的力汇总为仅垂直于地板表面的合力时，该力的作用点称为 ZMP。

当重心投影点即将移出支撑多边形时，ZMP 也逼近支撑多边形的边缘；当重心投影点移出支撑多边形时，ZMP 与支撑多边形的边缘重合。当机器人加速产生惯性力时，重力和地板反作用力的作用与反作用力之间的关系变成了重力和惯性力与地板反作用力的合力。如图 3-68 所示，它使和地板的反作用力与重力和惯性力的合力相平衡。

通过产生惯性力，可以使 ZMP 保持在支撑多边形内，机器人便可以保持平衡。这与倒立摆保持平衡的原理相同[2]：将杆放在手掌上，并在杆即将下落时向该方向移动以产生加速度，使得杆能保持一定的姿势而平衡。通过将力传感器安装在鞋底或脚踝上并测量地板反作用力以获得 ZMP，我们可以检查机器人是否处于平衡状态。

此外，如果将力传感器安装在鞋底或脚踝上，测量地面的反作用力，

---

[1] 步行时重心投影点始终在支撑多边形内的行走称为静态行走。在惯性力的影响下，重心投影点可能脱离支撑多边形的行走称为动态行走。

[2] 倒立摆是一个倒置的摆，就像手掌上的一根棍子。具有由许多关节和链接组成的复杂结构的双足式移动机器人，例如仿人机器人，通常被简化并表示为倒立摆，以简化行走控制模型。

则可以检测地面是否平整。你是否有过在下楼梯时没仔细看自己的脚，误以为没有台阶而摔倒的情况呢？在这种情况下，实际的着地点低于预期着地点，因此本应从地面接收的反作用力而无法获得，从而失去了平衡。如图 3-69 所示，通过力传感器来测量实际地面反作用力的有无和大小，计算出预期的地面反作用力，并将两者进行比较，便能够检测地面是否平整。

有时我们会想，"像机器人一样"不去想任何事情，只默默地听话，然后执行就好了。然而，正如我们在本节中看到的一样，实际并不是这样简单的，机器人甚至不能在不思考的情况下准确移动、行走。

本章介绍了机器人的内部结构，内容包括不同种类的传感器和执行器，并举例说明了计算机进行控制的实例。在使用或移动机器人时，需要根据机器人要完成的工作、机器人移动的环境选择合适的传感器或执行器。此外，我们必须考虑如何根据传感器的输入产生执行器的输出，以实现目标动作，以及如何用计算机对其进行控制。第 4 章将介绍当前人们正在制造什么样的机器人，以及它们都用于什么样的目的。

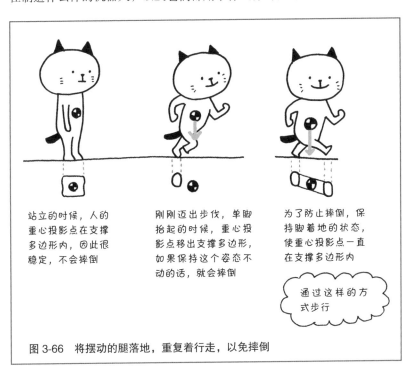

站立的时候，人的重心投影点在支撑多边形内，因此很稳定，不会摔倒

刚刚迈出步伐，单脚抬起的时候，重心投影点移出支撑多边形，如果保持这个姿态不动的话，就会摔倒

为了防止摔倒，保持脚着地的状态，使重心投影点一直在支撑多边形内

通过这样的方式步行

图 3-66　将摆动的腿落地，重复着行走，以免摔倒

地面与脚底接触时，它们之间就产生力和反作用力，进而有了重力和地板的支撑力

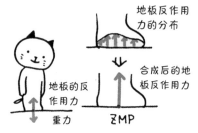

作用于脚底的所有地板反作用力的合力，位于地板的作用点便称为 ZMP

图 3-67 什么是 ZMP

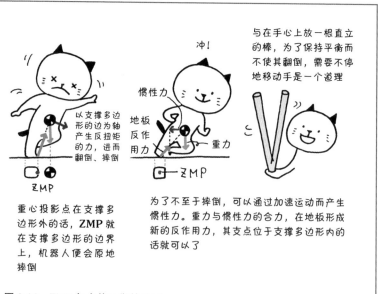

以支撑多边形的边为轴产生反扭矩的力，进而翻倒、摔倒

重心投影点在支撑多边形外的话，ZMP 就在支撑多边形的边界上，机器人便会原地摔倒

与在手心上放一根直立的棒，为了保持平衡而不使其翻倒，需要不停地移动手是一个道理

为了不至于摔倒，可以通过加速运动而产生惯性力。重力与惯性力的合力，在地板形成新的反作用力，其支点位于支撑多边形内的话就可以了

图 3-68 ZMP 与身体平衡的关系

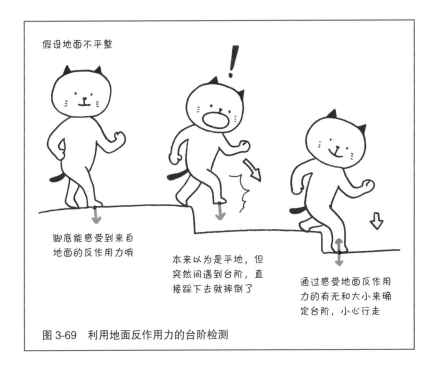

假设地面不平整

脚底能感受到来自地面的反作用力哦

本来以为是平地，但突然间遇到台阶，直接踩下去就摔倒了

通过感受地面反作用力的有无和大小来确定台阶，小心行走

图 3-69　利用地面反作用力的台阶检测

不假思索地走路——被动行走

猫咪博士的智慧库

　　如 3.3.3 节所述，为了让双足式移动机器人平衡地行走，我们不得不考虑很多问题。但是，有一种方法可以帮助机器人实现双足行走，而无须机器人思考任何事情，那就是被动行走。有一种叫作啪啪娃娃的玩具，它利用重力来实现腿的移动，并走下斜坡。由于机构本身的特性，这种玩具会自然地移动它的腿。

　　应用该原理并实现几乎不需要控制的双足式移动机器人称为被动行走机器人。图 3-70 所示的被动行走机器人，只需要重力和髋关节的执行器就可以进行自然的双足行走，而无须在腿的所有关节上设置执行器。据说这个机器人有"即使是'空虚的脑袋'也能走路"的魅力。

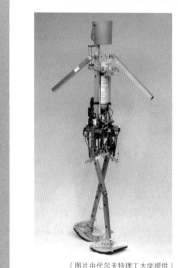

（图片由代尔夫特理工大学提供）

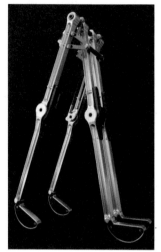

被动行走机器人 Blue Biped
（图片由名古屋工业大学佐野明人教授提供）

图 3-70 被动行走机器人

第 **4** 章

各种各样的机器人

使用显示屏或其他能够产生假想的触觉、力觉等感觉的装置，就可以对现实中没有的东西进行模拟，使人感觉像身临其境一样。这就是虚拟现实系统

除计算机外，也可利用机器人来营造临场感，进而进行作业

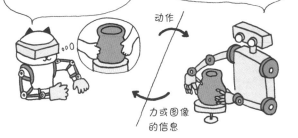

动作

力或图像的信息

正如我们在第 2 章和第 3 章中看到的，根据要完成的工作和移动环境，机器人有各种形态，其样子也千差万别。本章除了介绍在工厂等生产、制造现场使用的机械臂（工业机器人），还会通过实例说明目前世界上都在使用什么样的机器人，主要用于什么用途，以及机器人的一些软件应用[①]、控制系统等。

4.1 协助人类工作的机器人

如果戴上框架眼镜或隐形眼镜，我们的眼睛将能够看到更远的物体和更细小的文字。同理，如图 4-1 所示，可穿戴机器人附着在人的手臂或腿上，可以增强人的肌肉力量。它也被称为机器人套装，或动力套装等。

如果将这种装置装在手臂上，手臂的力量会得到加强，举起重物也会变得很轻松，即使长时间背着沉重的物品也不会感到疲倦；如果将其安装在腿上，即使腿部因虚弱、疾病或受伤而不能运动，也可以站立或者行走。此外，通过使用可穿戴机器人，可以恢复肌肉的力量，达到一定的康复效果。

由人类操作的电动轮椅已经司空见惯，具有自动驾驶功能的电动轮椅也已闪亮登场。自动驾驶轮椅可预制环境的地图信息，通过安装激光测距仪等传感器来感知周围环境。只需告知目的地，它就可以自动抵达（图 4-2）。机器人技术还应用于图 4-3 所示的自动驾驶汽车，这种汽车在发现障碍物时能通过制动辅助系统立即刹车，而在停车时通过自动泊车系统辅助方向盘操作。

当使用手推车搬运沉重的货物时，人们需要同时施加操作推车的力和拉动、搬运货物的力。因此，上坡时，必须用力将货物往上推；下坡时，必须紧紧按住货物以免从推车上掉下来。于是，人们就开发了一种机器人手推车，它通过将执行器连接到手推车的轮子来辅助人力（图 4-4）。驱动

---

① 应用：一般指使用某种事物或技术（此处为机器人或机器人技术）。近年来，我们经常听到"App"这个词。作为手机的一个功能，它是 application 的缩写。之所以这样称呼，是因为它应用手机的功能来实现游戏、相机、记事本等功能，其实质是软件系统。

器根据人施力的大小，辅助人力驱动车轮。在车轮部分安装电机以增强人们爬坡能力的电动助力车已经开始发售了。

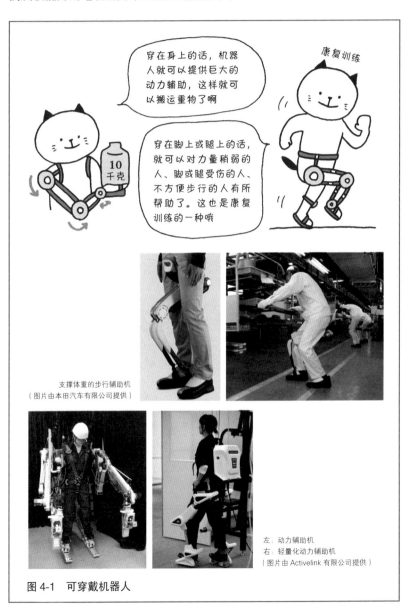

图 4-1 可穿戴机器人

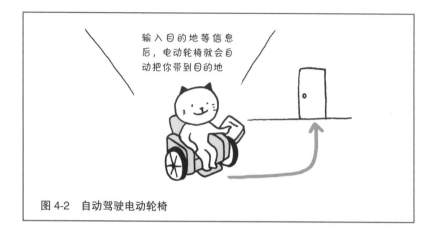

图 4-2　自动驾驶电动轮椅

（图片由谷歌公司提供）

图 4-3　配备传感器的自动驾驶汽车

将重物放在机器人
小车上，就可以轻
松搬运了

图 4-4 具有电动辅助功能的小车

　　自动清洁地板的扫地机器人早已问世，它不仅可以清洁地板，还可以如图 4-5 所示的那样与人们进行交流，按人的指令搬、拿物品，操纵家用电器。家庭助理机器人（图 4-6）的研究也在火热进行中，在不远的将来，很可能每家每户都会有一台帮助做家务的机器人。

　　机器人和机器人相关技术也常应用于医疗领域。以内窥镜手术为例，医生不是直接在患处做大切口，而是通过小切口插入内窥镜，然后一边观察影像一边进行手术。这样做的好处是，伤口小，病人负担小，恢复也快，但由于不能直接看到患处，因此需要非常细致的操作。这时候就要用到图 4-7 所示的手术机器人。医生在查看放大图像的同时操作机器人，使用配备手术器械的机械手来执行复杂、细致的手术（图 4-8）。

　　此外，如图 4-9 所示，不仅能直接辅助人们工作，还可以抚慰和娱乐人类的机器人也已经开发并实际投入使用了。有一种心理治疗方法叫作动物疗法，让人们通过与动物接触来治愈心灵。但是在实际的医院中，由于卫生防疫的要求，有些情况下真正的动物是无法进入的。在这样的情况下，使用宠物机器人，也可使人们获得与动物接触的治愈效果。此外，可以通过对话和动作与人类互动的机器人[1]（图 4-10）有望增加日常生活的乐

① 两件或多件事情相互关联、相互影响，在日语中称为"互动"。沟通、交流虽然可以传达感觉和信息，但可以是单向的。而互动主要是双向交互的意思。

趣，取得开发智力和预防痴呆症的效果。这种机器人也可用于理解和治疗有沟通障碍的儿童，改善这类人群与他人交流、沟通不畅（图 4-11）等问题。

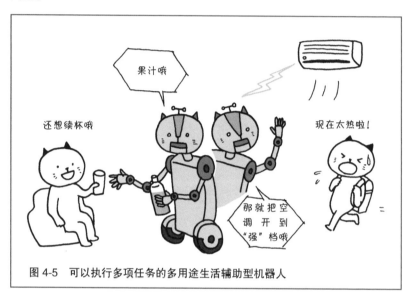

图 4-5 可以执行多项任务的多用途生活辅助型机器人

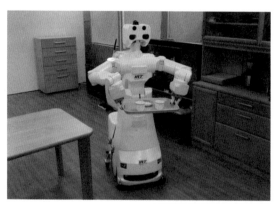

（图片由东京大学 IRT 研究机构提供）

图 4-6 做家务的家庭助理机器人

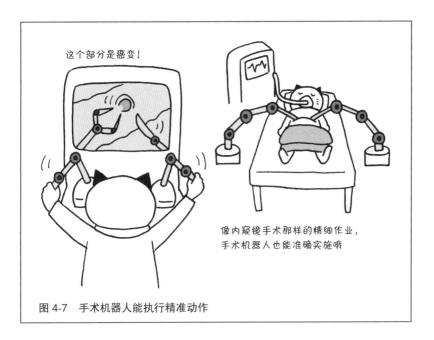

图 4-7 手术机器人能执行精准动作

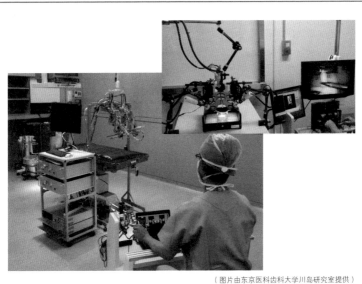

（图片由东京医科齿科大学川岛研究室提供）

图 4-8 微创手术机器人辅助系统

图 4-9　抚慰和娱乐人类的机器人

图 4-10　机器人与小男孩的陪伴和互动

（图片由宫城大学小岛秀树教授提供）

图 4-11 毛绒娃娃型机器人 keepon

4.2 人类无法到达的地方，也有机器人

机器人可以去人类不能去的地方，比如危险的地方、狭窄的地方、遥远的地方等。

发生地震、海啸、山体滑坡等灾害后，有伤员需要救援，这时前去救援的人员自己也面临受到二次灾难伤害的风险。在这种情况下，像图 4-12 那样，可以使用救援机器人（灾难响应机器人）搜寻需要救援的人，从而实现安全救援、高效救援。

如图 4-13 所示，机器人甚至可以在深海、火山口等恶劣环境中行走。

机器人潜艇在深海中成功拍摄到巨型乌贼，也成为新闻。火山口温度太高，人类无法靠近，这时可以通过机器人进行调查，从而快速发现喷发前的迹象和调查喷发后的火山口状况。

机器人不仅应用在地球上，也广泛应用在太空中。如图 4-14 所示，在月球、火星等地外天体上进行地形探测和地质勘查取样的探测车，也是一种移动机器人。这些星球距离地球都很遥远，即使我们尝试从地球无线操控机器人，指令到达机器人也需要时间，并且存在无法避开障碍物的问题。为此，探测车通过能够识别环境的传感器，来自主避开障碍物。此外，国际空间站的日本实验舱"希望号"中，安装了用于建站的机械臂。图 4-15 展示了实际用于太空开发的机器人。

在地球上，我们通过书信、电话或电子邮件，与相距甚远而不能见面的人进行交流，智能手机和个人计算机还支持视频通话，让我们可以边看对方的脸边进行交谈。通过应用机器人技术，我们不仅可以发送声音和图像，还可以发送动作，如图 4-16 所示。目前也有学者在做这样的研究：制造一个看起来与某人一模一样的机器人（图 4-17）。相信用不了多久，即使人们相隔天涯，也可如同近在身边，彼此交谈、拥抱。

图 4-12　使用救援机器人搜索被困人员

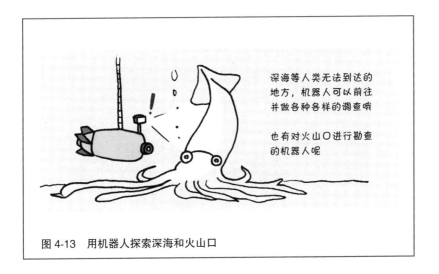

图 4-13 用机器人探索深海和火山口

图 4-14 也有能对月球和火星等地外天体进行探测的机器人

火星探测器（NASA/JPL/康奈尔大学）

图 4-15　活跃在太空开发中的机器人

现在已经可以利用视频电话，一边看着对方一边聊天了

在不远的将来，人们也能把自己的动作等信息传递到电话的另一端，让对方感受到自己的状态。相信这一天终会到来

图 4-16　即使相隔较远，无法直接见面，也可以通过机器人相见

Geminoid HI–4 由大阪大学开发
Geminoid ™ 是 ATR 的注册商标
（图片由 ATR 石黑浩特别研究室提供）

图 4-17 真人机器人

猫咪博士的 智慧库

纳米机器人和微型机器人

按机器人的大小、机器人操作的物体的大小，可以将机器人分为纳米机器人和微型机器人（1 纳米等于十亿分之一米；1 微米等于百万分之一米）。图 4-15 展示了活跃于外太空（宏观世界，macrocosmos）的机器人，但图 4-18 所示的纳米机器人和微型机器人，有望在地球上的小宇宙（微观世界，microcosmos）中绽放异彩。地球上的小宇宙，就是人体本身。

图 4-8 所示的内窥镜手术，由于伤口小（微创）而减轻了患者的负担。如果机器人变得更小，并且可以连接到内窥镜（胃镜相机）上，那么内脏手术就可以在不切开皮肤的情况下进行。科学工作者还在尝试将超小型移动机器人送入人体，使机器人得以在人体内部移动，必要时在患病部位喷洒药物。

（图片由名古屋大学研究生院新井史人教授提供）

图 4-18　纳米机器人和微型机器人示例

4.3 仿生机器人

　　到目前为止，我们介绍的机器人及其应用，都针对一些特定的工作。除此之外，机器人还被广泛应用于研究，用以阐明人类或其他生物的机制或原理。

　　人类婴儿通过与周围的人和物（例如家人和周围的环境）互动来学习、获得各种能力，例如情感、语言和身体感觉。然而，人们到底是如何获得智力的？要回答这个问题，仅仅通过观察人类婴儿往往是不够的。因此如图 4-19 所示，科学家试图通过创建婴儿型机器人，并使用该机器人代替人类婴儿进行相关实验，来阐明人类智力发展的过程和原理[1]（图 4-20）。

---

① 这是一个称为认知发展机器人的研究领域。

猫咪博士的 *智慧库*

恐怖谷效应

据说随着机器人的外观和动作越来越像人，人类对机器人也会感觉越来越亲密。双臂机械手比单臂机械手感觉更"像人"，因此，和人类一样具有两臂、两条腿的人形机器人尤其受到孩子们的欢迎。但是，如果机器人进一步像人的话，从某一阶段开始，就会使人感觉毛骨悚然。这被称为"恐怖谷效应"，于1970年被提出（图4-21）。

例如，在戏剧或电影中，扮演机器人的演员为了塑造角色，有时眼睛一下也不眨。仅仅这一点，就让人们产生违和感和毛骨悚然的感觉，让人更觉得这不是人类而是机器人——正因为与人类很相像，所以一点点的违和感就会凸显出来。同样因为这个缘故，一些治疗机器人使用了海豹的外观。海豹是我们日常生活中很少能接触到的动物，如果使用狗和猫等熟悉的动物型机器人的话，因为太过熟悉了，只要它们在吠叫、姿势方面与真实动物略有不同，就会给人们带来极大的不适感。

将来的某一天，会诞生一个长得像人、动作像人的机器人来克服这个"恐怖谷"吗？而如果这样的"类人"机器人真的诞生了，那么机器人和我们人类又有什么区别呢？或许有一天，我们将难以区分从我们面前经过的"机器人"和"人类"。

四边形　三角形

人类婴儿是如何学会走路的？如何认识物体的形状的？如何学会说话的？

如果用真实的婴儿来进行实验的话，是比较困难的。但是用机器人来实验、研究，那就简单易行了

图 4-19　培育机器人，了解人类获得智力的过程和原理

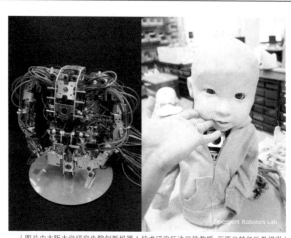

（图片由大阪大学研究生院创新机器人技术研究所浅田稔教授、石原尚特任助教提供）

图 4-20　Affetto，一个非常像孩子的机器人

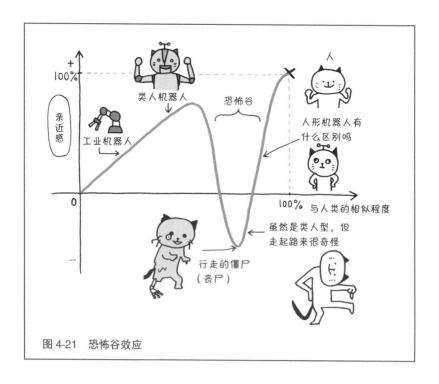

图 4-21　恐怖谷效应

如图 4-22 所示，我们有时会制造机器人来研究、阐明生物的形状和运动机制。蝴蝶、蜻蜓等昆虫扇动翅膀的飞行方式与飞机、滑翔伞等的飞行方式完全不同。为了弄清昆虫的飞行原理，我们可以制造昆虫型机器人来进行相关研究。此外，通过研究昆虫腿的结构，科学家研制出了一种能爬上垂直壁面的壁虎型机器人。

当然，还有很多研究探索人类感官和运动机制，然后将其应用于机器人。如图 4-23 所示，机械手在触摸物体时，附着在人手指上的触觉再现装置，可根据从物体上获得的触觉信息，模拟出人们实际触摸时的感觉。另外，结合虚拟现实技术，如图 4-24 所示，你会感觉处在遥远位置的某物好像近在眼前、触手可及。虚拟现实系统的研究也正在进行，它通过呈现从机器人的视觉传感器、力传感器、触觉传感器等获得的信息，让人感觉好像正在做机器人在做的工作（图 4-25）。

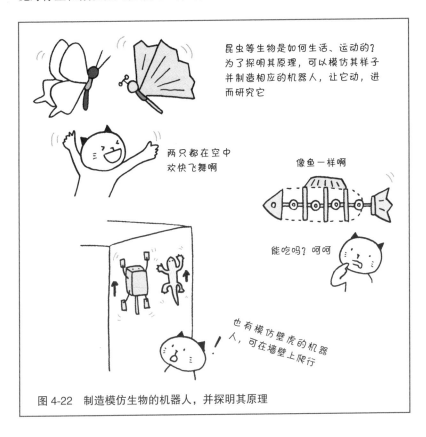

图 4-22　制造模仿生物的机器人，并探明其原理

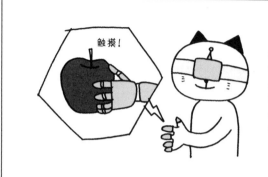

图 4-23 再现触感

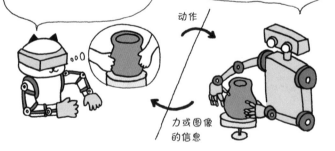

图 4-24 不仅可以再现视觉,还能再现力觉和触觉的虚拟现实(VR)系统

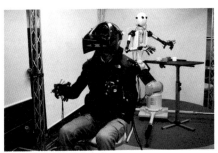

（图片由庆应义塾大学馆研究室提供）

图 4-25 Telexistence 机器人 TELESAR V

　　本章介绍了一些实例，以说明目前有哪些类型的机器人，以及科学家正在研究哪些类型的机器人。在第 5 章中，让我们来看看机器人从过去到现在、从现在到未来的发展过程。

猫咪博士的 **智慧库**

脑机接口

　　机器人是一种智能机器，传感器是"感受"的部分，执行器是"运动"的部分，计算机是"思考"的部分。然而，快速的情境判断和对环境的适应性，一直是生物比计算机更擅长的领域。因此，科学家希望，机器人可以用生物的大脑代替计算机来"思考"。这种将生物的大脑与机器相连接，并利用大脑发出的信号来控制机器的方法和设备，称为脑机接口（图 4-26）。

　　生物在思考某事或试图移动身体时，大脑中会产生微弱的电信号（脑电波），流向大脑的血液量也会发生变化。科学家正在研究如何根据大脑的活跃情况来操控机器人或电动轮椅。通过将昆虫的大脑直接连接到移动机器人上，来操控机器人做出与周围环境相匹配的动作，这类研究也很热门（图 4-27）。

图 4-26　脑机接口：仅靠思考来移动机器人

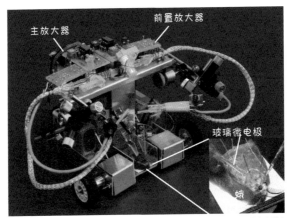

（图片由东京大学尖端科学技术研究中心神崎研究室提供）

图 4-27　脑机接口示例

第 5 章

机器人的现在和未来

（1）帮助人类

危险

（2）遵守命令

端来了果汁

接下来按摩肩膀吧

（3）保护自己的身体

下雨了啊

　　模仿人类和其他生物的机器、结构的相关概念，早在古希腊神话中就已出现。在古希腊，人们发明了图 5-1 所示的一种自动化装置。投入硬币后，该装置会排出一定量的水，可以说是自动售货机的源头。早在 18 世纪，时钟技术便被用来制造自动机器，使人偶实现复杂的移动，从而娱乐人们。当时的日本人还发明了由弹簧、发条驱动的运茶童子和弓曳童子等活动人偶玩具（图 5-2）。然而，这些自动装置和机械人偶只能再现某些固定的动作，并不是严格意义上的机器人。

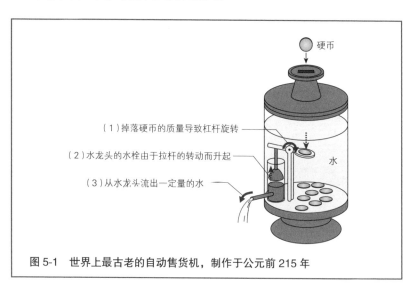

图 5-1　世界上最古老的自动售货机，制作于公元前 215 年

图 5-2　人偶娃娃玩具和自动机器

1920 年，作家卡雷尔·恰佩克（Karel Čapek）在戏剧《R.U.R.》中，首次使用"机器人"一词作为代替人类工作的机械娃娃的名称。在这部作品中，机器人反抗并摧毁了人类。1950 年，美国作家艾萨克·阿西莫夫（Isaac Asimov）在小说《我，机器人》（I, Robot）中将机器人与人类共存的三个原则定义如下（图 5-3）。

（1）机器人不得伤害人类。此外，不要忽视人类的危险。

（2）机器人必须服从人类的命令，除非它影响到原则（1）。

（3）机器人必须保护自己，除非它影响到原则（1）和原则（2）。

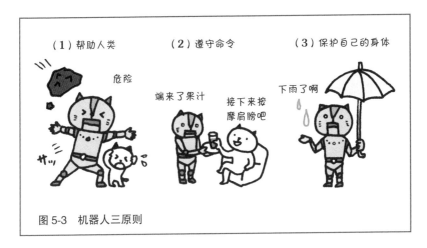

图 5-3　机器人三原则

这三个原则对后来的机器人发展以及电影、动漫等科幻作品中的机器人形象都产生了很大的影响。

20 世纪 60 年代末，出现了图 2-45 所示的机器人和在生产工厂使用的机械手等，它们也被称为工业机器人。当时，工业机器人只是简单地重复固定动作，但如今已经出现了配备传感器的智能工业机器人，如 3.3.2 节所述的那样（图 5-4）。

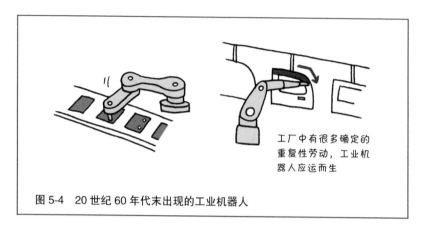

工厂中有很多确定的
重复性劳动，工业机
器人应运而生

图 5-4　20 世纪 60 年代末出现的工业机器人

　　大约在工业机器人出现的时候，双足步行机器人等人形机器人的研究
和开发，也开始活跃起来。日本研究人员于 1972 年成功研制出世界上第
一台用双足行走的人形机器人，于 1973 年研制出世界上第一台用双足行
走、与人大小相近的仿人机器人（图 5-5 ）。1996 年，本田汽车公司发布
了一种与人类几乎相同大小的人形机器人，它可以保持自身平衡并实现
图 5-6 所示的两条腿行走，极大地推动了人形机器人的研究和发展。此
外，自 1970 年以来，其他类型的机器人的相关研究，也变得火热起来。
现在，机器人和机器人技术的应用越来越广泛（第 4 章），我们的身边还
出现了各种宠物机器人、全自动扫地机器人等。

　　未来机器人和机器人技术将如何发展呢？过去，机器人只是想象中的
机器；而现在，机器人和机器人技术已经广泛应用于社会的方方面面，甚
至"机器人"这个词的意思都开始变得模糊不清。那么，未来机器人将如
何进一步发展呢？说实话，没有任何人知道标准答案。但是，我认为机器
人不应该仍然只是"梦想机器"。我相信，未来在我们的日常生活中，梦
想中的机器将作为现实有用的东西存在我们面前，我们每天都可以应用机
器人和机器人技术。这一天终将到来。

1973 年开发的世界上第一台人形智能机器人 WABOT-1（图片由早稻田大学人形机器人研究所提供）

这个机器人是在原来基础上开发的改进版本，原型是在 1972 年开发的动态稳定双足机器人。它的昵称为"梦露"，因为它能一边走路一边摆动臀部。为了避免控制线断线和扭纹的问题，它行走在倾斜角度时刻变化的皮带输送机上，或者走"8"字形
（图片由日本东北大学名誉教授江村超提供）

图 5-5　世界上第一台双足步行机器人和人形机器人诞生在日本

（图片由本田汽车有限公司提供）

图 5-6　1996 年发布的人形双足步行机器人 P2

猫咪博士的 智慧库

东日本大地震、福岛第一核电站事故和机器人

在 2011 年 3 月 11 日发生的东日本大地震和随后的福岛第一核电站事故中，许多机器人被应用于调查、勘探和救灾恢复等工作（图 5-7）。

水下探测机器人被用于在水中搜寻遇难者，并调查因海啸而变形的海床地形。此外，在因辐射剂量高而人类无法进入的

在大海中进行搜索或为了调查由于海啸而改变的海底地形等，水下机器人都曾大显身手

在人类无法进入的高温、高辐射核反应堆厂房内，勘测机器人可执行数据收集工作

采用无人挖掘机或远程操控的重型机械车辆来拆除受损的房屋，避免了工人被辐射伤害

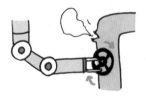

发电站内有很多需要打开或关闭的阀门，人们也开发了很多机械臂来完成此项工作

图 5-7　东日本大地震、福岛第一核电站事故中的机器人

核反应堆厂房内，部署了可以在崎岖地形上移动，并能爬楼梯的救援机器人，以此来收集内部图像、辐射剂量、仪表盘的显示数据等大量信息。这些都对及时了解、收集事故信息做出了巨大的贡献。遥控式小型双臂重型装备机器人还被用于清理因地震和爆炸而倒塌的反应堆残余建筑（图 5-8）。为了对超高原子炉反应堆建筑物的内部进行高空勘测，工作人员还开发了一种可以打开和关闭阀门的移动机械手（图 5-9）。

（图片由日立电源解决方案有限公司提供）

图 5-8　应对核灾难的小型双臂重型装备机器人

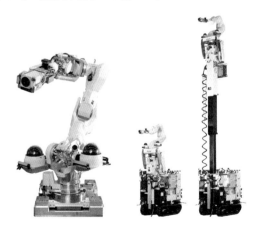

（图片由本田汽车有限公司、日本产业技术综合研究院提供）

图 5-9　反应堆厂房内的高空勘测机器人

此外，在福岛第一核电站事故之后，2012 年美国国防高级研究计划局（DARPA）举办了一场名为 DARPA Robotics Challenge 的机器人挑战赛，旨在竞争开发一种执行任务的机器人——在发生核事故的环境中，能够自由行动并执行诸如打开和关闭阀门、使用工具等多项任务的机器人（图 5-10）。当然，日本经济产业省也启动了图 5-11 所示的灾害应对机器

图 5-10　DARPA 机器人挑战赛

（图片由新能源与产业技术综合开发机构提供）

图 5-11　"救灾无人系统研发项目"研制的机器人

人的开发项目。不过令我感到些许失望的是，日本作为开发人形机器人的先进国家，发生了这样的灾难性事故，本应该更积极地进行人形机器人的相关研究，结果却是其他国家为了应对日本发生的灾难，率先提出并实施了这样的研究和开发计划。

当然，也并非仅剩下担忧和感叹。参加 DARPA 机器人挑战赛的日本战队 SCHAFT Inc. 于 2013 年 6 月发布了图 5-12 所示的机器人，并通过了最初的预备审查。SCHAFT Inc. 是一家小型风险投资公司（既不是大学也不是实验室）由几位年轻的机器人研究人员于 2012 年创立。

来自世界各地的机器人研究人员正在集合所有的力量研究同样的课题，以应对东日本大地震和福岛第一核电站事故。年轻的日本机器人研究人员表现不错。在灾难应对机器人的另一面，我们看到的是怀着虔诚之心将机器人开发出来的科研人员的美丽身影。

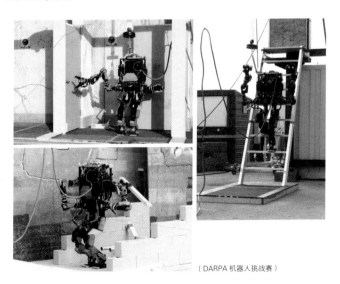

（DARPA 机器人挑战赛）

图 5-12　SCHAFT Inc. 的机器人参加开门、爬梯、清除障碍等比赛项目

尾声

感谢你拿起本书并读到最后。本书有没有让你领略到机器人的真实面貌和独特魅力呢？2013年12月20日至21日，在美国迈阿密举行了正文最后一栏"猫咪博士的智慧库：东日本大地震、福岛第一核电站事故和机器人"中所述的DARPA机器人挑战赛。这是一次机器人研究的盛会，世界各地的研究人员聚集在一起，带着他们的机器人去挑战艰难的任务，如在崎岖的地形上行走、开门和驾驶汽车等。在该挑战赛中，来自日本的风险投资公司SCHAFT Inc.的机器人几乎解决了所有的问题，并以最好的成绩通过了最高层级的检验。研究人员取得的卓越成就、将人形机器人实用化的强烈愿望、比赛过程中的勇敢决断以及面对困难从不言弃的坚强信念，令人由衷赞美。他们让梦想成为现实。

许多人为本书的编写做出了巨大的贡献，耗费了大量心血。讲谈社的濑户晶子女士（碰巧我们同姓！）策划了本书，并允许像我这样的年轻人来写这样一本书。从策划和组织、插图的审校，到协助我们准备大量的图片，我们很抱歉给您带来诸多不便，真的非常感谢您！插图画家村山宇希满足了我"只看插图就可以理解机器人"和"我想所有图片都是猫，因为我喜欢猫"这样不合理的愿望——他画了不知道多少猫的插图（还是彩色的）。每次查看这些插图时，我都被其可爱的样子所打动。本书是本系列的第一个全彩文本，负责本书装订和设计的安田先生给了我们一个非常好的彩色文本设计方案。我的手稿有很多脚注和插图，辛苦您了，万分感谢！感谢所有为本书提供图片的公司、研究机构和大学。如果我们的工作能帮助您传达正在进行的研究和开发的机器人技术，那么我们将倍感荣幸。借此机会，我们也感谢提供其他各种帮助的朋友们！

本书是由作者濑户文美本人、审校人平田泰久合作完成的。感谢平田泰久支持我写作本书的决定，在我写作的过程中，他给予了很多建议和鼓励。他作为我的丈夫，也从事同样的研究工作，对我工作的支持，于公于私，我都要表达深深的谢意。以上便是本书的后记。

濑户文美

特别说明

本书中的图片均来源于日语版原书，并按照日语版原书标明出处。如对书中图片使用有异议，欢迎通过邮箱 contact@turingbook.com 联系我们，或搜索微信公众号"图灵社区"，在后台进行留言，感谢支持！

版 权 声 明